物理定数表

CODATA（2018 年）より，[（ ）内数字は標準不確かさ（標準偏差...

名称　*は定義値	記号	値	単位
標準重力加速度*	g_n	9.806 65	m/s^2
万有引力定数	G	$6.674\ 30(15)\times10^{-11}$	$\text{N m}^2/\text{kg}^2$
真空中の光の速さ*	c	299 792 458	m/s
磁気定数 $2\alpha h/(ce^2)$　$(\cong 4\pi\times10^{-7})$	μ_0	$12.566\ 370\ 6212(19)\times10^{-7}$	H/m
電気定数 $1/(\mu_0 c^2)$	ε_0	$8.854\ 187\ 8128(13)\times10^{-12}$	F/m
電気素量*	e	$1.602\ 176\ 634\times10^{-19}$	C
プランク定数*	h	$6.626\ 070\ 15\times10^{-34}$	J s
プランク定数* $h/(2\pi)$	$\hbar$	$1.054\ 571\ 817\cdots\times10^{-34}$	$\text{kg m}^2/\text{s}$
電子の質量	m_e	$9.109\ 383\ 7015(28)\times10^{-31}$	kg
陽子の質量	m_p	$1.672\ 621\ 923\ 69(51)\times10^{-27}$	kg
中性子の質量	m_n	$1.674\ 927\ 498\ 04(95)\times10^{-27}$	kg
微細構造定数 $e^2/(4\pi\varepsilon_0 c\hbar)=\mu_0 ce^2/(2h)$	α	$7.297\ 352\ 5693(11)\times10^{-3}$	
リュードベリ定数 $c\alpha^2 m_e/(2h)$	R_∞	$10\ 973\ 731.568\ 160(21)$	m^{-1}
ボーア半径 $\varepsilon_0 h^2/(\pi m_e e^2)$	a_0	$5.291\ 772\ 109\ 03(80)\times10^{-11}$	m
ボーア磁子 $eh/(4\pi m_e)$	μ_B	$927.401\ 007\ 83(28)\times10^{-26}$	J/T
電子の磁気モーメント	μ_e	$-928.476\ 470\ 43(28)\times10^{-26}$	J/T
電子の比電荷	$-e/m_e$	$-1.758\ 820\ 010\ 76(53)\times10^{11}$	C/kg
原子質量単位	m_u	$1.660\ 539\ 066\ 60(50)\times10^{-27}$	kg
アボガドロ定数*	N_A	$6.022\ 140\ 76\times10^{23}$	mol^{-1}
ボルツマン定数*	k	$1.380\ 649\times10^{-23}$	J/K
気体定数* $N_A k$	R	$8.314\ 462\ 618\cdots$	J/(mol K)
ファラデー定数* $N_A e$	F	$96\ 485.332\ 12\cdots$	C/mol
シュテファン・ボルツマン定数* $2\pi^5 k^4/(15h^3 c^2)$	σ	$5.670\ 374\ 419\cdots\times10^{-8}$	$\text{W/(m}^2\text{ K}^4)$
ジョセフソン定数* $2e/h$	K_J	$483\ 597.8484\cdots\times10^9$	Hz/V
フォン・クリッツィング定数* h/e^2	R_K	$25\ 812.807\ 45\cdots$	Ω
0°C の絶対温度*	T_0	273.15	K
標準大気圧*	P_0	101 325	Pa
理想気体の 1 モルの体積* RT_0/P_0	V_m	$22.413\ 969\ 54\cdots\times10^{-3}$	m^3/mol

https://physics.nist.gov/cuu/Constants/

ギリシャ文字

A	α	アルファ	N	ν	ニュー
B	β	ベータ	Ξ	ξ	グザイ（クシー）
Γ	γ	ガンマ	O	o	オミクロン
Δ	δ	デルタ	Π	π	パイ
E	ε	イプシロン	P	ρ	ロー
Z	ζ	ゼータ	$\sum$	$\sigma\ \varsigma$	シグマ
H	η	イータ	T	τ	タウ
Θ	θ	シータ	Υ	υ	ウプシロン
I	ι	イオタ	Φ	$\phi\ \varphi$	ファイ
K	κ	カッパ	X	χ	カイ
Λ	λ	ラムダ	Ψ	ψ	プサイ
M	μ	ミュー	Ω	ω	オメガ

学　　部 _____

学科（系） _____

学生番号 _____

氏名 _____

1 基礎測定 A	2 基礎測定 B	3 単振り子	4 金属のヤング率
5 金属の剛性率	6 粘性係数	7 気柱の共鳴	8 弦の共振
9 熱起電力	10 固体の比熱	11 熱膨張係数	12 水の比熱
13 光の干渉	14 偏光度	15 電気化学当量	16 エネルギーギャップ
17 共振回路の Q 値	18 インダクタンス	19 電子の比電荷	

工科系のための

物理学実験

〈第5版〉

井上　光・尾﨑　徹・山本愛士

木舩弘一・安塚周磨・松岡雷士　著

東京教学社

はじめに

　皆さんは小・中学校や高等学校でどれくらい「理科の実験」の時間を持ってきたでしょうか．若い世代の「理科離れ」は自分で工夫する実験やものづくりの機会が減ったためと言われています．とはいえ，自然の観察や実験を行う授業はおおむね楽しい時間であったことでしょう．大学での物理学実験もこの点では同じです．まず，楽しみながら実験を進めてほしいものです．

　この本のページを繰ってみれば，物理学の各分野にわたる実験テーマが用意されていることがわかるでしょう．でも，理科の実験とは少し違うなあ，との印象も伴うことでしょう．大学生の皆さんは**信頼される専門家**になることが期待されています．物理学実験は，工科系学生に必須の，知的なトレーニングの場を提供します．そこで，心構えを新たにして，積極的な姿勢で取り組んでほしい点がいくつかあります．この科目には，次のような目標があります．

第1は，自然界の現象とその法則性を，まず経験を通して学ぶことです．
　ことわざで「百聞は一見にしかず」と言います．実のところ，1回の実験には種類の違う講義の何回分にも相当する内容があるし，その多くは1年次の講義のレベルを越えています．すべてを理解してから取りかかれるものでもありません．まず，ものごとを大づかみに理解するトレーニングが必要です．実際にやってみて，納得できればしめたものです．言いかえると，1回で多くのことを経験を通して知ることになります．目の前の現象を想像力を一杯にはたらかせながら考えること，観測したことをしっかり記憶にとどめることに価値があります．

第2は，基本的な測定の技術を学びとることです．
　たとえば，小さな変化を拡大して観測する方法，見えない波を数える方法，電流や電圧の測定方法，物質内に起こる変化を電気的な量に変えて測定する技術等々です．測定技術の中に新しい世界が開けていることがわかるでしょう．実験室で出会う多くの技術は応用研究に直結しています．これらは黒板とノート中心の授業だけでは得られないことです．

第3は，測定結果を責任を持って発表できるようになることです．
　測定結果を信用してもらうためには，まず，「実験ノート」を活用して測定結果をきちんと記録しなければなりません．つぎに，測定値に信頼度を添えて発表しなければなりません．そのために測定値の有効数字や不確かさを検討します．測定技術の分野に共通したデータ処理の方法を修得する必要があります．

第4は，科学的な文書を作成するトレーニングを積むことです．
　実験結果は報告するか発表することで価値が生まれます．そのために，すべての実験テーマにおいてレポートの作成が義務付けられています．実験の概要から原理，手順，測定結果，計算と実験結果，考察にいたるまでの流れをレポー

トにまとめることは，決して楽ではありません．しかし，正確で簡潔な報告文が書けることは，工科系学生にとってとても大事なことなのです．

準備と予習にかける時間次第で，その面白みも変わってきます．指示されたことを指示されたようにこなすだけでは面白さも減ります．さて，こうすればどうなるかなと，教科書にないことでも試してみるくらいの余裕が望まれます．実験には「遊び心」も大切です．

思い通りの結果が出なかったときでも，単純に失敗ときめつけることはありません．失敗から学ぶこともたくさんあります．

楽しく学び，活き活きとしたレポートをまとめることを期待しています．

なお，各章の節や小見出し項目で標題の右に†のつけられた箇所があります．これらは，より深く理解したいときの内容を示しています．

本書は，広島工業大学の物理グループ教員によって執筆され，改訂が重ねられてきました．これまでの経緯は，物理グループのホームページ

http://www.physics.cc.it-hiroshima.ac.jp/education2.html

へ掲載した教科書に関する報告書に詳しく書かれています．

最後に，第 5 版を発行するまでに参加された著者名を記録します．

・中西助次 初版〜第 3 版
・細川伸也 第 2 版〜第 3 版
・大政義典 第 3 版
・小島健一 第 4 版

2022 年 3 月

著者一同

目　　次

$\boxed{4}$　実験テーマ

1

物理学実験をはじめるために

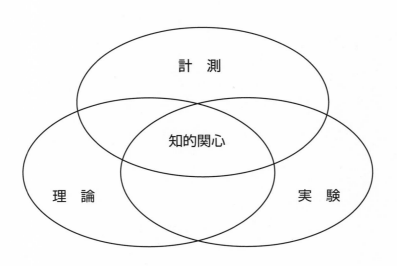

1–1 目 的

　これからはじめる物理学実験は，工科系の種々の研究実験に共通する**基本的な実験法の学習**という重要な役割を担っている．学生実験は，実験テーマがあらかじめ決められていて，装置も与えられ，実験の手順も指示されており，研究実験とは異なるように思われるかもしれないが，本質的な区別はない．

　物理学実験は次の基礎項目を学習，習得することを目的としている．

（1）　自然界の現象とその法則性を経験を通して学ぶ．
（2）　基本的な測定の技術を学ぶ．
（3）　測定結果を責任を持って発表できるようになる．
（4）　科学的な文書を作成するトレーニングを積む．

　これらの目的を達成するためには，実際に実験をする学生一人ひとりの**自主性と積極性**が重要である．したがって，講義における学習方法とは異なる．指導教員は諸君の助言者的存在であり，あくまでも学生一人ひとりが**自ら学ぶ姿勢**を必要とする．実験に限らず，このような体験的学習では自主性と知的好奇心を養うことが重要である．また，適切な実験結果が得られるまで，いろいろな試みをする粘り強さも大切である．何のために何を行い，そのことから何が学び取れるのかを絶えず積極的に**自分に問いかけながら**実験に取り組んでほしい．

1-2　成績の評価

物理学実験の成績の評価は次の（1）～（4）のように行う．
（1）　最初の 3 週をかけて，実験のガイダンス，データ処理法（有効数字，精度，不確かさの評価，最小 2 乗法など）および実験計画の立て方などについて講義する．講義内容の理解度をチェックするために**試験**を行う．
（2）　実験は班（班の編成は 2～3 人で一組）ごとに行う．遅刻・欠席は共同実験者に迷惑をかけることになり，場合によってはその週の実験ができないことになる．**出席**は成績評価の重要なポイントである．
（3）　実験当日までに，**予習**をして実験ノートにその内容を書いてくる．各テーマに書かれているキーワードが説明できるように準備してくる．各テーマの 3. 実験器具リストにある器具の説明も読んでくること．予習してきた内容について，質問および理解度のチェックをすることがある．これは実験に取り組む**姿勢・態度**の評価とするためである．
（4）　評価は，提出した**レポート**，実験への取り組みなどを総合して，実験テーマごとに行う．その総合点で成績・単位の評価とする．

1-3　講義日程

物理学実験の講義・実験は次のように行う．
（1）　最初の 3 週は講義および試験を行う．試験はこれから行う実験に必要な基礎的事項について問う．講義室は掲示板に学科ごとに掲示する．講義室は，授業時間割表の物理学実験室（新 1 号館 510，610 号教室，16 号館 1F）とは異なるので注意する．
（2）　講義の際に準備してくるものは，教科書（「工科系のための物理学実験〈第 5 版〉」），HIT 実験ノート，グラフ用紙（A4 サイズ），関数電卓および筆記用具である．すべての持ち物に名前を書くこと．
（3）　日程表およびスケジュール表は講義のとき配布する．紛失しないように，このテキストの 74 ページに貼付して保管する．

1-4　実験を安全に進めるために

　安全と環境に配慮しながら実験をする．実験器具をていねいに扱い，まわりに気を配ることは，安全に実験をするためにも大切である．次のことに注意して実験をする．実験授業中の事故については，学生健康保険で治療費は保障されるが，痛みや命はお金ではまかなえない．**何か起こったらすぐに指導教員へ知らせる**（教員は，学務部，保健室，119 番などへ知らせる）．

ケガ，火傷，感電をしない

ガラス器具：ガラスはすべりやすく割れやすいので，間違っても，うっかり落とさない．別のところに当てない．力を加えてねじらない．

おもり：おもりが床に落ちると運動量は大きいので衝撃も大きい．足の指に当たると骨折などひどいケガを起こす可能性も大きい．

電熱器：電気を流しているときはもちろん，電源を切った後もしばらく熱い．注意して，火傷をしないようにする．

蒸気発生器：蒸気は目に見えない高温の気体であるので，うっかり触れると火傷をする．見た目は熱そうに見えないが，コックと栓の操作にも注意をする．

レーザー：レーザー光の輝度は高いので，目に入ると網膜を火傷する恐れがある．思わぬところに反射光があるので，人の方向に向けないように近くに物を置いて遮断する．

スライダック：出力端子に触れない．交流電源の一方はアースされているので，100 V に感電する可能性が高い．コンセントにつながっているときは決して触れない．

火事を起こさない

電熱器：燃えるものを電熱器から遠ざける．電熱器の上に燃える物をのせない．燃える物の上に電熱器をのせない．

コイル：過大な電流を流すと銅線の被覆（エナメル）が焼け，火事となる可能性がある．教科書に従って正しい値の電流を流す．

電気器具一般：ヒューズが切れたときは，実験で何か誤った操作を行ったからである．指導教員とよく相談し，その原因がわかるまでは，決して電源を入れ直さない．

薬品の扱い

硫酸銅溶液：硫酸銅溶液は元の保管用フラスコに戻す．決して薬品を流しに流したり，ゴミ箱に捨てたりしない．銅板を洗浄した水はタンクへ保存する．

ごみの分別

ガラス，電池，金属ごみ：それぞれ専用のごみ箱が準備室内に準備してあるので，むやみに別のごみ箱に捨てない．

可燃物，不燃物：それ以外のごみは可燃物，不燃物に分別してごみ箱に捨てる．

服装

安全に実験を行うために，身動きしやすい服装を着用する．実験装置に引っかかりそうな服装や肌の露出が多い服装は，なるべく避ける．また，裸足にサンダル履きは避け，靴下に運動靴の着用を推奨する．

1-5　実験の進め方

実験の準備

（1）「班編成リスト」および「実験テーマの実施スケジュール」をプリントで配布する．自分の班とパートナーを確認し，お互いに連絡を取りあう．

（2）「実験テーマの実施スケジュール」表を見て，次回の実験テーマを予習し，実験ノートに予習した内容を書いてくる．

（3）各自，この教科書，HIT 実験ノート，グラフ用紙，関数電卓を持参すること．

実験室内において

（1）実験は実験テーマごとに指定された実験テーブルで行う．同じ実験テーマのテーブルが 2 つ用意してある．1–10 に「実験テーマとテーブルの配置」図を載せておくので，**位置を確認**しておくこと．

（2）上着，カバンなどは机の下にしまう．

（3）実験テーブルに置いてある実験器具が教科書に記述されたものと違いがないか，点検する．器具が**破損**していたり**そろっていない**ときは，すぐに指導教員に**報告**する．決して他の実験テーブルの器具を借用しないこと．

（4）実験内容および実験手順を理解してから実験をする．理解不足のまま器具を動かすことは事故の原因となる．

器具を破損したとき

（1）実験器具を破損した班は，ただちに実験を中止して指導教員に**報告**する．

（2）指導教員の指示に従って**後始末**し，実験を再開する．再開できないほどの重要な故障の場合は，その実験を予備日に延期することもある．

実験結果の点検

（1）測定が終了し，教科書に指示のある部分まで終了した班は，データを整理して**指導教員に報告**する．実験装置は，実験状況の確認あるいは再実験が必要な場合もあるので，この段階では片付けない．

（2）考察のヒントや，レポートを作成する上で注意することなどについて指導を受ける．

（3）許可を受け，実験終了の印鑑をもらってから，後片付け，データの整理などを行い退室する．

（4）測定が終了しなかった班は，指導教員の指示を受ける．その実験を予備日に延期することもある．

後片付け

（1） 実験器具が教科書のとおりに**そろっている**かどうか確かめる．

（2） ネジ類がとれていないか確かめる．

（3） リード線は**ていねいに束ねて**，他の実験器具とともに実験用のプラスチックケースに入れる．

（4） 実験テーブルの上とそのまわりを**掃除**する．用具はロッカーの中にある．

（5） 忘れ物をしない．

レポートの提出

（1） レポートは，次回の実験の開始時間までに入り口横に設置した提出箱に提出する．

（2） 提出するレポートは，実験テーマ1および2については全員提出，その他のテーマについては指定された者が提出する．

（3） 実験テーマ3～19のレポートの責任者は毎回交代する．

（4） レポートの，ある部分だけを分担することは決してしない．

1-6　実験ノートの使い方

図 1.1　実験ノート

　実験ノート（図 1.1）は，実験計画，実験結果，考察，新しいアイデアなどを記録し，後にその記録をもとに再現実験を行ったり，実験者が最初の発案者であることを証明したりするための非常に大事な記録簿である．したがって，きっちりとした記録を残すことが重要である．

　この物理学実験では，実験日までに予習内容を書くことも課題としている．予習は，実験を安全にそしてスムーズに行うための大事な作業である．予習が不十分なまま実験を行うことは大変危険であり，また時間内に実験が終わらない可能性もあり，実験を開始させない場合があるので留意すること．

　班員全員が下記内容を書く．

（1）　予習内容を実験日までに書いてくる．
（2）　実験日に実験結果を記録し，必要な解析結果を書く．
（3）　実験終了後，さらに詳細な解析結果（後述する不確かさの計算や最小2乗法の計算など）を書く．
（4）　適宜，気づいたことや考察などを書く．

　これらの記録をもとにして担当者はレポートを作成する．以下に，具体的な実験結果の書き方について説明する．

実験結果の書き方

　実験結果は，実験をしながら必要事項を記録する．記録された結果は，後で見て内容がわかるように，書かなければならない．この記録をもとに，更なる解析をしたり，再実験をしたり，考察できるようになっていなければならない．しかし，後で誤解がないように記録されていればよいので，定規を使うなどの見た目の美しさは必要ではない．

　以下に，書き方のポイントを挙げる．10 ページの記入例を参考にせよ．

（1）　ページ番号を最初のページから連続して記入する．
（2）　どのような測定をしてどんな結果が得られたのか，1 年後に見てもわかるように，必要な事項を書く．丁寧な字で書くこと．
（3）　配布資料やグラフなどは，ノートに糊づけする（サイズが合わない場合もできるだけ，折り込まないように）．
（4）　テーマごとに最初に実験日，実験テーマ，温度，湿度，気圧を書く．
（5）　字や図の大きさに配慮し，あまり詰めて書かない．
（6）　図や表を書く際に定規を使う必要はない．グラフ以外は，フリーハンドで書いてよい．
（7）　間違って記入した時は，取り消し線を引き，空いているところに新しく書く（多色ボールペンを活用するとよい）．間違って記入したことが，あとになって正しいと気付くことがあるので，消しゴムは極力使用を

避けること．また，間違った原因を探ることが考察の材料になる．

（8）　計算結果は，結果だけでなく原理となる式や数値を代入した計算式も
書く．計算間違いや有効桁数のチェックがしやすい．

（9）　単位を忘れずに書く．

(1) ページ番号
を入れる

2022.2.16   実験テーマ：基礎測定 A（円柱の密度）

温度：20.5℃   湿度：74 %   気圧：1018.5 hPa

〔1〕   質量 M の測定

試料No.○○の質量を上皿天秤で4回測った。

(6) 定規を使う
必要はない．

番号 i	質量 M_i/g	残差 δ_i/g	δ_i^2/g^2
1	127.5	−0.05	0.0025
2	127.6	0.05	0.0025
3	127.6	0.05	0.0025
4	127.5	−0.05	0.0025
合計	510.2	0.00	0.0100

$$平均値\ \overline{M} = \frac{M_1+M_2+M_3+M_4}{4} = \frac{510.2}{4}$$

$$= 127.55\ g$$

(8) 結果だけでなく数値を
代入した計算式も書く．

〔2〕   高さ H の測定

試料No.○○の高さをノギスで4回測った。

〔4〕   密度の最良推定値 ρ 〔g/cm³〕の計算

$$\therefore \rho = \frac{4\overline{M}}{\pi \overline{D}^2 \overline{H}} = \frac{4 \times 127.55\ g}{3.141592 \times (1.9979\,cm)^2 \times (4.560\,cm)}$$

(8) 原理となる関
係式を書く．

$$= \cancel{8.9958\ g/cm^3}$$

(7) 間違って記入した時
は，取り消し線を引き，
空いているところに新し
く書けばよい．

$$= 8.9223\ g/cm^3$$

(9) 単位を忘れ
ずに書く．

⇐ 参考値
$\rho = 8.93\ g/cm^3$
（銅の密度）

1–7　表やグラフの書き方

　表やグラフは，実験結果や解析結果を見やすくし，新しい関係や法則を見出すことにつながる．それぞれの書き方には，一定のルールがあるので，以下に述べる書き方に従うこと．

表の書き方

　表は，1–9のレポートの内容見本の表1〜3を参考にし，以下の点に注意して書く．

（1）　表の上に表番号と標題を書く（標題を書く位置が図の場合と異なるので注意せよ）．
（2）　罫線を入れる．
（3）　各列の最上段に物理量と単位を書く．
（4）　必要に応じて，不確かさの計算などのための列を追加してもよい．

グラフの書き方

　グラフは，次ページの記入例を参考にし，以下の点に注意して作成する．

（1）　A4サイズの方眼用紙（グラフ用紙）を使用する．
（2）　方眼紙全体に書く．ただし，余白は使用しない．
（3）　縦軸，横軸にそれぞれの軸を表す物理量と単位を書く．記号を用いる時は，レポート本文と統一する．
（4）　各軸の主目盛に数値を書き，適切な間隔で副目盛を入れる．
（5）　グラフの下に図番号と標題を書く．グラフ1，2，・・・ではなく図1，2，・・・とする（標題を書く位置が表の場合と異なるので注意せよ）．
（6）　表にまとめたデータの組をグラフにプロットする．
（7）　データが比例関係にある場合は，長い物差し（30cm程度のもの）を用いて直線をひく．直線の傾きをグラフから精度よく計算するために，直線上の出来るだけ離れた2点の座標を読み取って求める．実験値そのものは使用しないこと．座標の読み取り精度は，実験値とグラフの読み取り精度の低い方にする（読み取り精度については，3章で説明する）．

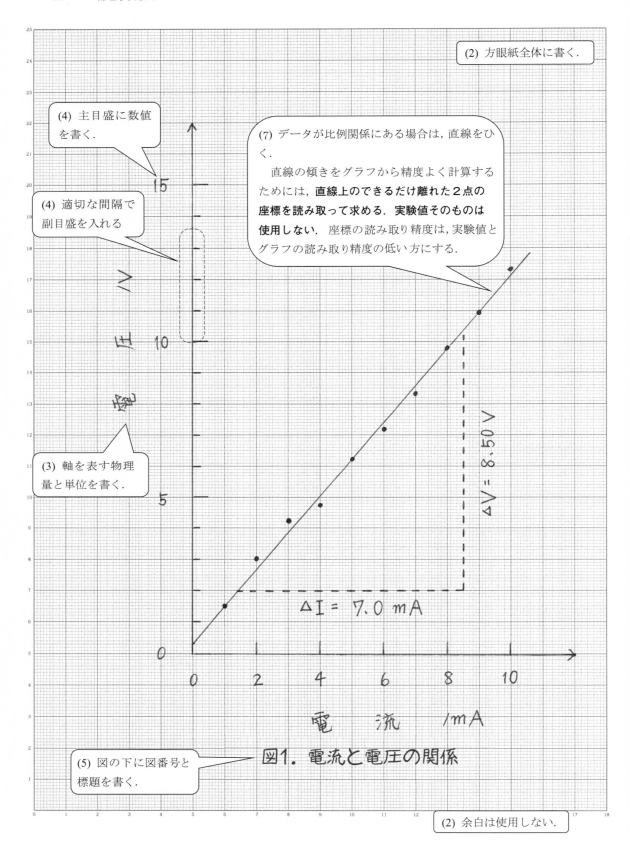

(2) 方眼紙全体に書く.

(4) 主目盛に数値を書く.

(4) 適切な間隔で副目盛を入れる

(7) データが比例関係にある場合は，直線をひく．

直線の傾きをグラフから精度よく計算するためには，**直線上のできるだけ離れた2点の座標を読み取って求める．実験値そのものは使用しない．**座標の読み取り精度は，実験値とグラフの読み取り精度の低い方にする.

(3) 軸を表す物理量と単位を書く.

$\Delta V = 8.50$ V

$\Delta I = 7.0$ mA

(5) 図の下に図番号と標題を書く.

電　流　/mA

図1. 電流と電圧の関係

(2) 余白は使用しない.

1–8 レポートの作成

レポートについては，以下の点に注意して作成する．

（1） レポート用紙は A4 判のレポート用紙に書く．

（2） レポートには表紙をつける．表紙の書式は 18 ページにある．書式に定められている事柄を明記すること．18 ページの A4 版拡大コピーを作って記入すればよい．

（3） 温度，湿度および気圧は，毎回の実験ごとに測定し，レポートの表紙に記入する．

実験室の温度，湿度，気圧も毎回記録する．天候の常識を養うことにもなる．

（4） 実験ノートの記録をもとにレポートを作成する．レポートの内容見本は 1–9 を見よ．

（5） 考察はレポートの評価の重要な部分である．実験の手順，得られた測定値，実験結果などを定量的に検討して記述する．考察のヒントが実験ごとに教科書に記載してあるのでそれに答える．単なる思い付きや感想は書かない．参考文献の丸写しはしない．

（6） 考察までが完成したら，レポートの**左肩**をホッチキスでとじて提出する．

1-9　レポートの書き方

　レポートはどう書くのがよいのだろうか．基礎測定 A（円柱の密度測定）の場合を例として，標準的なレポートの見本を次に示す．どの実験テーマの場合も，**レポートの基本的な形（1. 実験の概要〜6. 考察）**はこの例と同じとする．

　傍注のアドバイスに沿うと書きやすいであろう．この節の終わりのチェック項目を毎回チェックしながら仕上げればよい．

レポートの内容見本

実験全体を短く要約して書く．

1.　実験の概要

　金属試料の質量と体積を測定して，その金属の密度を算出する．その結果をもとにして，金属の種類を調べる．これらの測定法を習得し，物質の密度測定の意義を考える．

2.　実験の原理

　円柱形（図1）の試料の質量を M [g]，高さを H [cm]，直径を D [cm] で表すと，密度は，

$$\rho = \frac{4M}{\pi D^2 H}\ [\text{g/cm}^3] \qquad (1)$$

で計算できる．M, H, D を測定して ρ を定める．質量は天秤で測定する．体積は円柱形の試料の高さをノギスで，直径をマイクロメータで測定して求める．

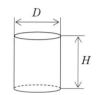

図1　円柱の直径と高さ

3.　実験の手順

（1）　天秤を使って，質量 M を4回測定した．
（2）　ノギスを使って，高さ H を4カ所で測定した．
（3）　マイクロメータを使って，直径 D を6カ所で測定した．
（4）　M の平均値 $\overline{M}$，H の平均値 $\overline{H}$，D の平均値 $\overline{D}$ を計算した．
（5）　$\overline{M}, \overline{H}, \overline{D}$ から，密度 ρ の最良推定値を計算した．
（6）　M, H, D の不確かさ $\sigma_{\overline{M}}, \sigma_{\overline{H}}, \sigma_{\overline{D}}$ をそれぞれ計算した．
（7）　間接測定の不確かさの計算法に従って，ρ の不確かさ σ_ρ を計算した．
（8）　結果を $\rho =$ 最良推定値 ± 不確かさ g/cm^3 の形に表した．

実験の手順は，やったことを簡潔に書き，すべて**過去形**にする．

4. 測定結果

上の測定で得られた質量，高さ，直径の値を以下の表1～表3に示す．ここで，それぞれの平均値と平均値の不確かさを求めておく．

表1 質量の測定値

番号 i	質量 M_i /g	残差 δ_i /g	残差^2 δ_i^2 /g^2
1	127.5	−0.05	0.0025
2	127.6	0.05	0.0025
3	127.6	0.05	0.0025
4	127.5	-0.05	0.0025
合計	510.2	0.00	0.0100

表1で，残差は $\delta_i = M_i - \overline{M}$ であり，平均値を決めてから計算する．

質量の平均値 $\quad \overline{M} = \dfrac{510.2}{4} = 127.55\,\mathrm{g}$

質量の平均値の不確かさ $\quad \sigma_{\overline{M}\mathrm{A}} = \sqrt{\dfrac{0.0100}{4\times 3}} = 0.03\,\mathrm{g}$

測定の不確かさ $\quad \sigma_{\overline{M}} = \sqrt{\sigma_{\overline{M}\mathrm{A}}^2 + \sigma_{\overline{M}\mathrm{S}}^2} = \sqrt{0.03^2 + 0.10^2}$
$\qquad\qquad = 0.10\,\mathrm{g}$

質量の測定値 $\quad M = \overline{M} \pm \sigma_{\overline{M}} = 127.55 \pm 0.10\,\mathrm{g}$

表2 高さの測定値

番号 i	高さ H_i /mm
1	45.60
2	45.60
3	45.60
4	45.60

高さは4箇所で測定した値がすべて同じになったので，平均値等の計算は不要である．ノギスの読み取り限界が測定の不確かさになる．

高さの測定値 $\quad H = 45.60 \pm 0.05\,\mathrm{mm}$
$\qquad\qquad = 4.560 \pm 0.005\,\mathrm{cm}$

表3 直径の測定値

番号 i	直径 D_i /mm	残差 δ_i /mm	残差^2 δ_i^2 /mm^2
1	19.988	0.009	81×10^{-6}
2	19.984	0.005	25×10^{-6}
3	19.980	0.001	1×10^{-6}
4	19.967	−0.012	144×10^{-6}
5	19.969	−0.010	100×10^{-6}
6	19.986	0.007	49×10^{-6}
合計	119.874	0.000	400×10^{-6}

残差は $\delta_i = D_i - \overline{D}$

表3で，計算の方法は表1と同様である

直径の平均値 $\quad \overline{D} = \dfrac{119.874}{6} = 19.9790\,\mathrm{mm}$

ここは実験の中心部であり，工夫のしどころである．実験で行ったことをまず**文章で書き始める**．

平均値の不確かさの求め方と表の作り方は 2–5 の方法にしたがう．

表，図，グラフ等には必ず**番号と標題**をつける．**表の標題は表の上に，図の標題は図の下**に書く．図とグラフはともに図～と書く．
表の作り方は測定の種類による．計算しやすく，結果を見やすいように工夫する．
グラフでは**横軸と縦軸の物理量を単位とともに明記**する．

表，図，グラフを**説明文の流れのなかにおくように構成**する．何の説明もなくて，表やグラフが突然現れるレポートであってはならない．

直径の平均値の不確かさ　$\sigma_{\overline{D}A} = \sqrt{\dfrac{400 \times 10^{-6}}{6 \times 5}} = 0.0037\,\text{mm}$

測定の不確かさ　$\sigma_{\overline{D}} = \sqrt{\sigma_{\overline{D}A}^2 + \sigma_{\overline{D}S}^2} = \sqrt{0.0037^2 + 0.001^2}$
$\qquad\qquad\qquad = 0.0038\,\text{mm}$

直径の測定値　$D = \overline{D} \pm \sigma_{\overline{D}} = 19.979 \pm 0.004\,\text{mm}$
$\qquad\qquad\qquad = 1.9979 \pm 0.0004\,\text{cm}$

ここはデータ処理のトレーニングの中心部である．計算の**過程を明確に書く**．何の説明もなく加減乗除の数値計算だけを延々と書きまくるものであってはならない．ここで何をしているかを説明する**文章が必要**である．実験の目的に対する**結論を明記**する．

5. 計算と実験結果

これまでの直接測定から試料の密度 ρ とその不確かさ σ_ρ を計算する．直接測定値は次のように整理されている．

質量　$M = 127.55 \pm 0.10\,\text{g}$
高さ　$H = 4.560 \pm 0.005\,\text{cm}$
直径　$D = 1.9979 \pm 0.0004\,\text{cm}$

密度の間接測定値は式 (1) より，

$$\rho = \frac{4\overline{M}}{\pi \overline{D}^2 \overline{H}} = \frac{4 \times 127.55}{3.141592 \times 1.9979^2 \times 4.560} = 8.9223\,\text{g/cm}^3$$

である．この値の不確かさは，2章7節の考え方にしたがって，

M のみを不確かさ分だけ大きく $M=127.65$ とすると，$\rho=8.9293$，上の ρ との差は 0.0070

H のみを不確かさ分だけ大きく $H=4.565$ とすると，$\rho=8.9126$，上の ρ との差は -0.0097

D のみを不確かさ分だけ大きく $D=1.9983$ とすると，$\rho=8.9188$，上の ρ との差は -0.0035

となるので，これらの2乗和の平方根をとると

$$\sigma_\rho = \sqrt{0.0070^2 + 0.0097^2 + 0.0035^2} = 0.01246 = 0.012\,\text{g/cm}^3$$

となる．

実験結果は次のように表される．

密度　$\rho = 8.922 \pm 0.012\,\text{g/cm}^3$

考察の内容は実験ごとに異なる．原則として，自由に書く．**実験全体を自分達で評価**しよう．とはいえ，感想文や印象記に終始してはならない．
自分達が得た結果と参考値との比較は大切なことである．値の違いが大きいからといって，単純に失敗ときめつけることはない．新しく思いつくことがあれば次の成功につながる．

6. 考察

測定の結果で，試料の密度は $\rho = 8.922 \pm 0.012\,\text{g/cm}^3$ とわかった．この値は付表5の銅の密度の $8.93\,\text{g/cm}^3$ を不確かさの範囲に含んでいる．試料の材料は銅である．これは試料の外見からもわかる．今回の基礎測定の目的は十分果たせた．この実験中に思いついたり，納得したことなどを書いておきたい．

試料がどの程度完全な円柱かを調べるために，場所を変えて高さと直径を繰り返し測定した．表2と表3に示すように，どの場所で測っても測定値はほとんど同じで不確かさは十分小さかった．円柱形の試料は，工作がしやすそうで密度測定に適していると思った．

　付表5で，例えば金と銀で密度が約2倍違っている．密度は物質の原子の質量，並び方，間隔で決まることが想像される．純粋な固体物質では原子の並び方と間隔のとり方が決まっているので密度が特定の値になるらしい．密度測定は物質研究の基礎であることがわかった．

　付表6をみると水の密度はほぼ$1\,\mathrm{g/cm^3}$である．質量の単位はもとは水を基準物質にして定義されたと習った．しかし，付表6にあるように，温度によって密度が数% も変わるのでは基準にはできないことが納得できた．

　密度測定の実験を通していろいろな技術的なことがらや物質の性質などを考えることができた．このような経験を積むことが技術者の実力を養うことであると考えている．

7.　参考文献
　・井上等．工科系のための物理学実験〈第5版〉, p.169, 付表5. 固体の密度および弾性に関する定数.

　特に大切なことは，**この実験を通して自分は何を学んだか**を書き留めて印象に残すことである．実験の結果にこだわらず，**発展的**で**生産的**なことを書こう．

　きらめくようなアイデアが書かれた結びが期待されている．

レポートを出す前にチェックしよう✔

- □ ① 表紙に必要なことを全部書いているか．
- □ ② ページ番号が入っているか．
- □ ③ 実験の概要および手順の要約のしかたは適切か．
- □ ④ 数式に式番号を書いているか．
- □ ⑤ 実験の手順を過去形で書いているか．
- □ ⑥ 表，図，測定およびデータ処理の説明文が不足していないか．
- □ ⑦ 表は，表の上に表番号，標題をつけ，枠線で囲み，物理量や単位を明記しているか．
- □ ⑧ 図やグラフは，図の下に図番号，標題をつけているか．
- □ ⑨ グラフは，横軸と縦軸に目盛，数値，物理量および単位を明記しているか．
- □ ⑩ 測定値に単位を明記しているか．
- □ ⑪ 有効数字の表し方は適切か．
- □ ⑫ 不確かさの有効数字は2〜14のどれかになっているか．

考察のチェック項目
- □ ⑬ 自分達の結果と参考値を比較検討しているか．
- □ ⑭ 目的は達成されたか．
- □ ⑮ 単なる感想文になっていないか．
- □ ⑯ 参考文献を引用しているか．

物理学実験レポート

_____班   学生番号_____   氏名_____

共同実験者   学生番号_____   氏名_____

共同実験者   学生番号_____   氏名_____

実験年月日   _____年   月   日(   )

温度_____℃   湿度_____%   気圧_____hPa

実験テーマ番号とテーマ名

[

レポート提出年月日   _____年   月   日(   )

チェック項目

□ 表紙に必要なことを全部書いているか.
□ 実験の概要の要約のしかたは適切か.
□ 実験の手順を過去形で書いているか.
□ 測定やデータ処理の説明文が不足していないか.
□ 表に番号と標題をつけているか.
□ 図・グラフに番号と標題をつけているか.
□ グラフの横軸と縦軸の物理量を明記してあるか.
□ 測定値の単位の表し方は適切か.
□ 有効数字の表し方は適切か.
□ 不確かさの表し方は適切（有効数字2〜14）か.
□ 自分達の結果と参考値を比較検討しているか.
□ 考察が単なる感想文だけになっていないか.
□ 参考文献をあげているか.

評 価

1–10 物理学実験室の実験テーマの配置

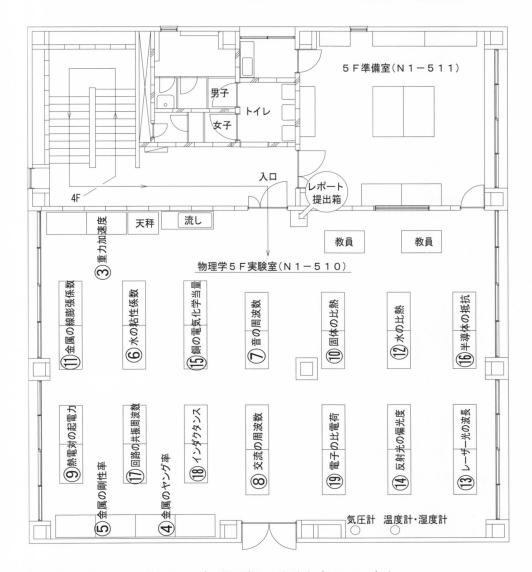

- 実験室は物理学 5F 実験室（N1–510），物理学 6F 実験室（N1–610）と16 号館 1F 実験室（16–101）の 3 室である．
- 5F 実験室と 6F 実験室へは新 1 号館 4F プラザの入り口から入る．
- 実験テーマ③〜⑲の配置はどの実験室も同じである．
- 実験器具は各実験室に 2 セット／テーマが用意されている．

2

データ処理法

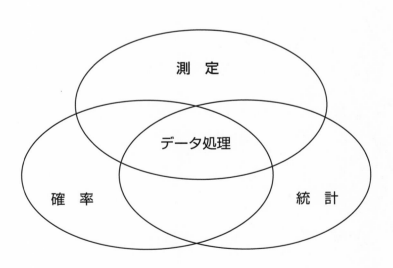

2–1　有効数字とその大きさの表記法

　測定や計算の結果を適切に表すには，**適正な桁数の有効数字**とその大きさを表す 10 の整数乗や適当な単位を使う．いろいろな例で考えてゆこう．

　ある円柱形の金属棒の長さを 1 mm 目盛りつきの物差しで測定して 124 mm と記録したとする．同じ測定を別の人がていねいに行って 124.3 mm と記録したとする．第三者がこれらの測定値をみるとき，円柱の長さは

124 mm　　4 の次の数は不明（四捨五入で 4?）で，有効数字は 3 桁，

124.3 mm　4 の次の値は 3（1 mm 目盛間を目読）で，有効数字は 4 桁，

と判断する．無論，測定値としては，124 mm と 124.3 mm は同じではない．

　別の円柱棒で，測定値に 124.0 mm を得たとき，これを 124 mm と記録すると有効数字が失われる．測定値としては，124 mm と 124.0 mm は同じではない．

　有効数字は測定や計算を行う人が最良の判断をもって示す値である．

　人の体重は例えば 58.7 kg のように記録される．これを 58700 g と書くと有効数字が 5 桁のようにみえるが，実際には 7 の次の数字は不明である．グラム単位にして有効数字は 3 桁であることを示すには，58.7×10^3 g と書く．

　あるレーザ光の波長は例えば有効数字 4 桁で 632.8×10^{-9} m と表される．これは 0.000 000 6328 m のことであるが，左側のゼロは有効数字の桁数には数えない．大きさは $\times 10^{-9}$ m で表す．このような表記法をルール 1 としよう．

　ルール 1：物理量の値は　有効数字 $\times 10^n$ に単位名を添えた形で表す．

　10^n は必要に応じて使う．国際単位系では，この $\times 10^n$ に代えて表 2.1 のような**接頭語**を使う．上のレーザ光の波長は 632.8 nm（ナノメートル）と表す．小数点の位置は接頭語に合わせる．

　標準大気圧（1 気圧）は 101 325 Pa であるが，天気予報では有効数字を 4 桁にして小数点を使わずに表すために，1013 hPa（ヘクトパスカル）のような呼び方がされている．低気圧では 990 hPa になったりする．この場合，有効数字が 4 桁から 3 桁になっても，表される気圧の精度に格別な違いはない．

　有効数字の桁数は同じでも，実質的な精度が 1 桁異なる場合もある．陸上競技の男子 100 メートル競走の世界記録の表し方の変遷はその一例である．数 10 年前は 10.0 秒と記録されていた．選手は 0.1 秒に 1 m 走るから，これでは明らかに有効数字が不足していた．最近は，9.58 秒のように記録されている．

　実験結果を表すには**有効数字を適正に選ぶ**ことが必要である．上の 2 つの例のように，先頭の有効数字が 9 や 10 に近い場合には，桁数よりも実質的な精度に注意しよう．このような例には以後もしばしば出会うことになる．

練習問題

2.1　次の数値の有効数字は 3 桁とする．これらを　有効数字 $\times 10^n$ の形で表せ．
(1)　325000　(2)　0.000325　(3)　320000　(4)　0.000320　(5)　5000 億

2.2　次の各量を接頭語を使わないで表せ．数値はすべて有効数字とする．
(1)　589.6 nm　(2)　200 µg　(3)　1530 MHz　(4)　150 GPa

2.3　次の数値と単位を適切な接頭語を使って表せ．有効数字は 3 桁とする．
(1)　65400 g　(2)　0.0000630 m　(3)　5.29×10^{-11} m　(4)　1000 万 J

---

124 mm ＝ 12.4 cm ＝ 0.124 m
どの表し方でも有効数字は 124 の 3 桁である．大きさは単位で表される．

表 2.1　10^n に代わる接頭語

大きさ	接頭語	記号
10^{12}	テラ	T
10^9	ギガ	G
10^6	メガ	M
10^3	キロ	k
10^2	ヘクト	h
10^{-2}	センチ	c
10^{-3}	ミリ	m
10^{-6}	マイクロ	µ
10^{-9}	ナノ	n
10^{-12}	ピコ	p

1 Pa（パスカル）＝ 1 N/m^2
（ニュートン毎平方メートル）
圧力の国際単位として使われる．
1 気圧の定義の説明は 3–4 にある．

100 メートル競争の例で，4 桁目が四捨五入されているとして，相対精度 $\left(\dfrac{\text{不確かさの最大値}}{\text{測定値}} \right)$ は

$$\frac{0.05}{10.0} = 0.005 = 0.5\%$$

$$\frac{0.005}{9.58} = 0.0005 = 0.05\%$$

2-2 有効数字を考慮する計算

測定値
$$a = 12.3 \, \text{cm}$$
$$b = 4.567 \, \text{cm}$$

有効数字を考慮する計算
$$a + b = 16.9 \, \text{cm}$$
$$a - b = 7.7 \, \text{cm}$$
$$ab = 56.2 \, \text{cm}^2$$
$$a/b = 2.69$$

一方が定数の場合の計算
測定値 a と定数の積や商の計算では結果の有効数字の桁数は測定値 a の桁数と同じとする.
$a = 12.3 \, \text{cm}$ では,
$$3a = 36.9 \, \text{cm}$$
$$3.14159a = 38.6 \, \text{cm}$$
$$\sqrt{2}a = 17.4 \, \text{cm}$$

四捨五入について
日本工業規格（JIS Z8401）では,切り上げと切り捨ての機会均等のため,末位の数が 5 のときは四捨五入と五捨六入を混用する規則が提案されている.本書では,四捨五入のみとする.なお,四捨五入を不用意に繰り返すと間違う場合があるので注意すること.（たとえば,1.2345 の場合など）

測定値
$$a = 2.5 \, \text{cm}$$
$$b = 4.21 \, \text{cm}$$

有効数字を考慮する計算
$$ab = 2.5 \times 4.21 = 10.5 \, \text{cm}^2$$

試算　ルール 4 でのチェック
$$2.45 \times 4.21 = 10.3145$$
$$2.5 \ \ \times 4.21 = 10.525$$
$$2.54 \times 4.21 = 10.6934$$

一方が定数の場合の計算
$a = 2.5$ では
$$4.21a = 10.5$$

いろいろな有効数字の測定値を含む計算のルールを考えよう.例として,2 つの長さの測定値 $a = 12.3 \, \text{cm}$（有効数字 3 桁）と $b = 4.567 \, \text{cm}$（有効数字 4 桁）をもとにする計算を行うとする.ここでは,a の末位の 3 と b の末位の 7 は四捨五入の結果の数値とみなし,a, b にはその分だけ不確かさがあるとする.

和と差：まず,左のように a と b の位どりをそろえてみる.和 $a + b$ では b の 67 に加えるべき a の数字がない.有効数字の違いを無視して $a + b = 16.867$ としても,下位の 2 桁 67 には意味がない.このような場合は,a の有効数字に合わせるように上の $a + b$ を四捨五入して,$a + b = 16.9$ とする.差 $a - b$ でも同様である.b で有効数字の損失が起こるが,この場合は止むを得ない.

ルール 2：測定値どうしの和または差の計算では,両測定値の下位桁に有効数字がある範囲で計算する.必要に応じて四捨五入を行う.

積と商：積 ab について,有効数字の桁数の違いを無視すると $ab = 56.1741 \, \text{cm}^2$ となる.この 6 桁のどこまでが有効かを考えよう.試みに,a を四捨五入分だけ増して $a = 12.34$ としてみると $ab = 56.3\cdots$ となる.このように,ab の値には上位から 3 桁目に不確かさがあるので,それよりも下位の $\cdots$ の桁は詳しく書いても無効である.言い換えると,ab の有効数字は a の桁数と同じ 3 桁までとみなせるので,結果は $ab = 56.17\cdots = 56.2 \, \text{cm}^2$ とするのがよい.商 a/b についても同様の話ができて,$a/b = 2.69$ とするのがよいことがわかる.

ルール 3：測定値どうしの積または商の計算では,結果の桁数は有効数字が少ない方の測定値の桁数と同じとする.必要に応じて四捨五入を行う.

積または商の計算では,大抵の場合,結果の桁数をルール 3 で決めてよい.しかし,注意すべき場合がある.左にその例を挙げる.a の値が 2 桁なので結果も 2 桁にして $ab = 11$ とすると有効数字の損失が起こる.もとの a, b に比べて $ab = 11$ は粗すぎると感じるセンスを育てよう.左のような試算が役立つ.四捨五入分の不確かさが影響する桁までを有効数字と認めて,$ab = 10.5$ とする.

ルール 4：測定値どうしの積または商の計算では,もとの測定値の四捨五入の影響を受ける桁までを結果の有効数字とする.（ルール 3 の一般化）

以上,例をもとにルールを説明した.原則は**実験の最終結果に意味のない無効な数字を書かない**ことである.有効数字の損失も防ごう.途中の計算では,ルールの指示よりも 1, 2 桁多くとって計算を進めること.なお,有効数字は測定値の不確かさからも判断される.このことは次節以降の例で説明する.

練習問題

2.4 有効数字に注意して次の計算をせよ.数値はすべて測定値とする.
(1) $48.22 + 15.3 - 12$　(2) $7.29 \times 4.232/3.2$
(3) $(4.21 - 2.3) \times 3.14$　(4) $1.6726 \times 10^{-27} + 9.109 \times 10^{-31}$

2–3　測定の不確かさと誤差

不確かさや誤差という言葉は日常的にも使われている．ここでは測定結果を表す用語としてそれぞれの意味を説明する．

測定量の真値の推定法

これから実験で測定する物理量（長さ，時間，質量などの直接測定量）には真値があるとする．**測定値は真値の近くでばらつくと期待される**ので，まず同じ条件での測定を繰り返してみる．一組の測定値が集められれば，その**平均値**と**標準偏差**はいつでも計算できる．平均値を真値の推定値とし，標準偏差を測定回数の平方根で割った値を**平均値の不確かさ**とする．これが統計的方法（タイプ A 評価）による直接測定量の推定値とその不確かさの評価値である．

真値は　**平均値 ± 平均値の不確かさ**　の範囲内にあると推定できる．ただし，この式は**確率的な信頼度つきの表現**である（本当のことは分からない）．

この方法は次節に実例で詳しく説明する．

不確かさの定義

測定の不確かさとは「**測定の結果に付随した，合理的に測定量に結びつけられ得る値のばらつきを特徴づけるパラメータ**」と公式に定義される．分かり易い定義とは言えないが，本書の実験で測定とデータ処理の経験を重ねながら納得してゆけばよい．

不確かさの成分とその合成

本書の最初の実験テーマ**基礎測定 A（密度）**で考えよう．ここでは，円柱形の金属試料の直径と長さと質量を測定して，　密度＝質量/体積　を求める．

直接測定量：直径，長さ，質量のそれぞれを繰り返し測定して，各量の平均値と平均値の不確かさを求める．使った測定器具にはそれぞれ読み取りの限界がある．この限界からくる**読み取りの不確かさ**を（タイプ B 評価の）不確かさの成分のひとつと考え，平均値の不確かさと読み取りの不確かさを指定された方法（2 乗和の平方根）で合成して各量の**測定値の不確かさ**とする．

間接測定量：試料金属の密度の値（間接測定値）を定義式で計算する．密度の値の不確かさは**間接測定における不確かさの伝播則**を使って計算する．この方法は 7 節で詳しく説明する．伝播則の結果で得られる不確かさは一般に**合成標準不確かさ**と呼ばれる．

その他の実験テーマでも直接測定値から間接測定値を計算し，直接測定値の不確かさから合成標準不確かさを計算する手順は大体同じである．

測定値のばらつきの考え方

同じ実験を繰り返し行うと，結果の値はそのつど異なるのが普通である．測定環境に潜在する**偶発的で制御しきれない小さな原因**がプラス方向とマイナス

1993 年に国際標準化機構 (ISO) ほか 6 つの国際機関によって文書**測定における不確かさの表現のガイド**（略称 GUM）が刊行された．この文書では，測定の**誤差** (error) に代えて**不確かさ** (uncertainty) を使うことが推奨されている．本書のデータ処理法の表現も GUM の方針に沿う．

真値について：

誤差論では，素朴な意図で

　　誤差＝測定値－真値

と定義される．真値はいつまでも未知であるが，その存在を前提として誤差が評価される．

GUM では，「真の」値という理想化された表現が避けられ，代わりに現実の測定環境に合う「測定対象量の値」が使われる．測定ではこの最良推定値が決められ，測定に関係する量のばらつきから推定の不確かさが評価される．

実際の測定量の例としてある円柱の直径を考えよう．測定値のばらつきは円柱の断面が真円でない可能性も含んでいる．これをひとつの真円柱とみなすときの値を「真値」とし，測定で定め得るのは真値の最良推定値とその不確かさであるとする．

いずれにせよ測定には真値という目標値があると考えよう．統計的には真値＝母平均とみなされる．

方向に重なり合って測定値をばらつかせているとみなす．偶発的で小さな原因の追究に代えて，測定値の現れ方（度数分布のようす）は**確率的な事象**であると考える．このような**偶然効果**を表す確率分布として**正規分布**が役立つ．

計数値（整数）はポアソン分布に従う．この場合は原則として，不確かさ ≒ √計数値 となる．

原子レベルでは多くの現象が確率的な法則に従っている．たとえば，放射線を数える実験（本書のテーマには含まれていない）では測定値（＝計数値）は，現象の本質として，完全に確率的なばらつきを示す．

母集団と標本の考え方

ばらついていることが分かる直接測定値を十分たくさん集めて度数分布の図を作るとする．これは想像上の作業の話であるが，その集まりの平均値がその測定量の真値であるとする．つぎに見方を変えて，その集まりから無作為に数個の測定値を取り出すとする．これから考えたいことは，その数個の測定値だけから真値を推定することである．

統計的推測の例：
直接測定値の母集団はある山形の分布 A を作るであろう．ここから，5 個ずつの標本の組を十分たくさん取り出して，それらの標本平均値の母集団を作るとする．その分布 B は正規分布に近い山形になる．分布 B の幅は分布 A の幅の $1/\sqrt{5}$ になると推測される．幅とは標準偏差のことである．

この集まりを**測定値の母集団**と呼び，取り出した測定値を標本と呼ぶ．測定とは母集団から標本を取り出す作業であると考える．母集団の平均値を**母平均**，標本の平均値を**標本平均**と呼ぶ．真値の推定とは手許にある**標本平均から未知の母平均を統計的な方法で推測**する作業である．ここで推定の幅を示すために不確かさ（＝標本標準偏差，またはほぼ同等の数値）が必要になる．

読み取りのばらつきと一様分布については 10 節を参照のこと

推定手順の特徴をおおまかにまとめると次のようになる．直接測定値自体の母集団は多くの場合で不明のままである．それらの**標本平均値の母集団は正規分布に近づく**傾向を示す．読み取りのばらつきの母集団は**一様分布**とする．間接測定値の母集団（これも正規分布に近づく）が持つと推定される標準偏差が合成標準不確かさである．

誤差の定義と誤差解析

伝統的な誤差論では，まず**誤差 ε が測定値 X** と**真値 X_0** の差として次式で定義される．

$$\varepsilon = X - X_0 \tag{1}$$

測定値 X としては，① 繰り返し測定の個々の直接測定値，② 直接測定値の平均値，③ 間接測定値，の 3 つの場合がある．①と②は共通の X_0 を持つ．

誤差の性質を分類するために，測定値の「ばらつき」として現れる**偶然誤差**，および「かたより」として現れる**系統誤差**がある．
誤差の大きさを示すために，平均値の不確かさと同じ値で，平均誤差，平均値の 2 乗平均誤差，標準誤差など多くの名称がある．

上の定義では両辺に未知量 ε と X_0 がある．そこで，ε の確率的な性質をもとに $X - X_0$ の大きさが推定される．**誤差 ε は正規分布に従う**とされる．正規分布では**確率密度関数の指数部に標準偏差の原型となる式がある**ので，誤差の解析は統計的方法そのものになる．この方法は偶然効果については，測定の精度評価の歴史の上で，十分な成果を上げている．ただ，誤差の定義を式 (1) だけに留めることにならず，その性質を分類するためや，その大きさを適切な方法で示すために，〇〇誤差の名の用語が多く作られている．

誤差評価から不確かさ評価へ

本書では第 5 版への改訂時に用語を誤差から不確かさに改めた．第 4 章の実験テーマの手順を説明する文脈に特別な変更はない．

誤差と不確かさの違いは定義の中に真値を含めるか否かである．不確かさ評価では，このような**視点変更**で誤差評価（とくに系統誤差）にある困難に解決案が示され，かつ**測定の信頼性について一貫性のある表現法**が提案されている．

本書は**不確かさ評価を使う方針**をとる．上のような違いはあるが，本書の段階では，データ処理に使う**統計的方法は誤差解析の場合と同じ**である．母集団と標本（母平均と真値）の考え方も共通である．本書で不確かさ評価での適正な表現のトレーニングを始めよう．用語として誤差を使うのを止めるのではない．**誤差を使う場合は式 (1) の意味だけに限る**ことにする．本章でも以下の節の説明の一部で誤差を使う．一般に，この意味で**誤差と不確かさを正確に区別**しながら使い分けることは今後も必要で，それが役に立つ場面は多い．

不確かさの評価を統計的方法で行うときはタイプ A 評価，それ以外の方法で行うときはタイプ B 評価として区別される．標準偏差相当の不確かさは**標準不確かさ**，この値を 2〜3 倍した不確かさは拡張不確かさと呼ばれる．

拡張不確かさは本書のテーマでは使わない．

誤差評価の用語に基づく一連のデータ処理の手順を不確かさ評価の用語に改めることは一般に難しいことではない．その手順自体が適正であることが大切である．

誤差どうしが打ち消し合うという言い方は正しいが，不確かさどうしが打ち消し合うというような言い方をしてはならない．

独立な不確かさどうしは合成すると必ずもとより大きくなる．

測定値の偏りの考え方

実験で起こり得ることのひとつに測定値の**偏り**がある．測定値のばらつきの中心が**真値から一方的にずれている場合**である．

たとえば，物差しや電流計の目盛りが正しくなければ当然そうなる．これらは偏りの分かり易い例というだけで，そこに原理的な難しさはなく，計測器具の**正しい校正**で解決されることである．

校正の問題とは別に，一般に**真値が未知の状況**で測定値の偏りの有無を判断することは**原理的に難しい課題**である．測定値を偏らせる原因が見つかれば測定値は補正され，その作業に伴う不確かさの成分が改めて評価される．測定に専門的に従事する技術者は，**未知の事象の可能性**も含めて，常にこの課題に注意しているであろう．

わが国の行き届いた計測標準管理（JIS 規格）のおかげで，本書の実験では計測器具類は正確に校正されているとしてよい．

校正の精度に問題がある場合はそれを不確かさの一成分と考えて適切に評価し全体に合成する．

偏りを含めると不確かさの成分はふえる．すべての成分は確率的な根拠で評価される．

独立な不確かさ成分の合成に 2 乗和の平方根を使うことは各成分がほぼ同じ信頼度確率で評価されていることを前提としている．

正確さと精密さ

測定器の精度を「正確さ」と呼び，測定値の精度を「精密さ」と呼んで区別しよう．測定値の現れ方と未知の真値との関係およびここでいう正確さと精密さの高低のようすについて，図 2.1 の 4 つの場合をイメージしておけばよい．グラフの横軸は測定値，たて軸は出現確率，曲線は正規分布の形，点線は真値の位置を表す．実際には点線がみえない状況で考えねばならない．

本書の実験では左の 2 つの場合を想定する．

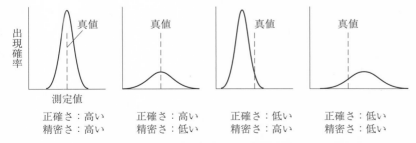

図 2.1 測定値の出現確率の分布および正確さと精密さの意味

2–4 測定値の性質と測定結果の表し方

実験の測定値は真値に近い値に決まる．1回だけの測定ではその値がどれくらい真値に近いかが分からない．真値を推定するには，同じ条件の測定を繰り返して得られる測定値の集まりについて**統計的な判断**をする．まず，大まかなことを知ろう．

測定値のばらつきの実例

本学の実験レポートにあった繰り返し測定の測定値 $(X_1, X_2, \cdots X_{19})$ を表 2.2 に示す．ある条件のもとでできたねじれ振り子（テーマ 5）が 10 回振れる時間 X [s]（10 周期分の時間）がストップウォッチで 19 回測定されている．

現れた測定値の度数分布を図 2.2 に示す．測定値は 81.1 秒から 81.6 秒の間にあり，81.3 秒が 7 回で一番多い．測定は注意深く行われている．それでもこのようにばらつき（偶発的な変動）が起こる．

測定値の取りまとめ方

ばらつきのある測定値から真値を推定したい．そのために，測定値の**平均値**と**標準偏差**および**平均値の不確かさ**を計算し，信頼度つきで結論をだす．

表 2.2 の $X_i (i = 1, 2, \cdots 19)$ を合計して測定回数 $n = 19$ で割れば**平均値** $\overline{X}$ を得る．

$$測定値の平均値 \quad \overline{X} = \frac{X_1 + X_2 + \cdots + X_n}{n} = \frac{\sum_{i=1}^{n} X_i}{n} = 81.316 \,\text{s} \quad (2)$$

以後，上式のように，合計を記号 $\Sigma_{i=1}^{n}$ で表す．

個々の測定値 X_i と平均値 $\overline{X}$ との差 $X_i - \overline{X}$ を個々の**残差**と呼ぶ．残差の合計はゼロである．残差の平均的な大きさを知るため，残差の 2 乗を合計して $n-1$ で割り，その平方根を計算する．この量を**測定値の標準偏差** s と呼ぶ．

$$測定値の標準偏差 \quad s = \sqrt{\frac{\sum_{i=1}^{n} (X_i - \overline{X})^2}{n-1}} = 0.126 \,\text{s} \quad (3)$$

図 2.2 には平均値 $\overline{X}$ と標準偏差 s の意味も描いてある．測定値のばらつきの中心を示す平均値 $\overline{X}$ を真値 X_0 の**最良推定値**とする．標準偏差 s は平均値の両側の区間幅である．この場合は，図の区間内に 19 個中の 15 個の測定値（81.2 〜 81.4）が含まれている．

一般に，測定値の標準偏差 s とは，平均値を中心として，大半の（およそ $\frac{2}{3}$ の）測定値が含まれる範囲の目安である．この値は測定値のばらつきの程度を示すので，**個々の測定値の不確かさ**とも言える．また，測定回数を多くしても s の値はあまり変わらない．

表 2.2 振り子の周期の測定値の例（本学の実験レポートより）

番号 i	測定値 X_i /s
1	81.3
2	81.4
3	81.2
4	81.2
5	81.4
6	81.3
7	81.2
8	81.5
9	81.1
10	81.3
11	81.3
12	81.3
13	81.4
14	81.5
15	81.2
16	81.2
17	81.6
18	81.3
19	81.3
合計	1545.0
平均値	81.316

この表ではストップウォッチの最下位の数値（測定限界 0.01 秒の桁）が四捨五入された値が測定値として記録されている．これは測定法上で望ましいことではないが，数値を簡単にすることで揺らぎ方の特徴をみやすくしている．仮に少数 2 桁目の数値が記録されていたとしても，図 2.2 のようすは変わらない．

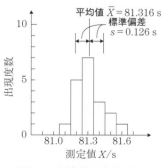

図 2.2 測定値の分布の例
表 2.2 の測定値の現れ方を棒グラフで示す．

平均値 $\overline{X}$ はどれくらい信頼できるものだろうか．結論から入るとして，**平均値の不確かさ**$\sigma_{\overline{X}}$ は，測定値の標準偏差 s と測定値の数 n を使って，次の式で計算される．式の根拠は次節で説明する．

GUM では，式 (3) は測定値の実験標準偏差，式 (4) は平均値の実験標準偏差と呼ばれる．

本書では誤解のない限り簡単な名称を使う

$$\text{平均値の不確かさ}\quad \sigma_{\overline{X}} = \frac{s}{\sqrt{n}} = \frac{0.126}{\sqrt{19}} = 0.029\,\text{s} \qquad (4)$$

測定の結果は次のよう表現される．（有効数字のことは改めて説明する．）

$$\text{真値 } X_0 \text{ を推定する式}\quad X_0 = \overline{X} \pm \sigma_{\overline{X}} = 81.32 \pm 0.03\,\text{s} \qquad (5)$$

この式は「真値 X_0 は 81.29 から 81.35 までの間にある」と推定している．ただし，その**確率はおよそ $\frac{2}{3}$（正規分布の場合で約 68 %）**である．これが推定式 (5) の意味とその**信頼度**になる．

今は，**確率が 100 %ではないこと**に注意しよう．おおまかに言えば，式 (5) は 3 回に 2 回の割合で「当り」となり，1 回は「外れ」となることを認める表現である．真値はこのような形で推定される．この表現法は計測結果を示す標準的な方法として広く受け入れられている．物理学実験で修得する大切なことがらである．

測定値のばらつきと正規分布

図 2.2 の度数分布を統計論でよく使われる正規分布（理論的な確率分布のひとつ）と比べよう．図 2.2 と同じ平均値と標準偏差でこの確率分布のグラフを描くと図 2.3 のようになる．

さらに，真値 X_0 の居場所は図 2.4 のような幅を狭めた正規分布（幅は図 2.3 の $1/\sqrt{19}$）で推定される．この横軸が X でなく $\overline{X}$ であることに注意しよう．図の斜線区間内に X_0 がある確率が約 68 %（およそ $\frac{2}{3}$）となる．それ以上のことは不明である．（本当はその X_0 を中心とする正規分布を描きたい．試みに，グラフの頂点から 1 mm ほど左が真値の居場所ならば？とグラフを平行移動して想像してみよう．）これらの式について詳しくは 6 節で説明する．

推定式 $X_0 = \overline{X} \pm \sigma_{\overline{X}}$ の有効数字について

平均値の有効数字はまずルール 2～4 で判断できる．上の例では $\overline{X} = 81.316$ s となる．一方で，平均値の不確かさは $\sigma_{\overline{X}} = 0.029$ s であり，$\overline{X}$ の下位 2 桁に不確かさがあるとわかる．$X_0 = \overline{X} \pm \sigma_{\overline{X}}$ は確率的な表現なので，これらの下位桁を四捨五入しても意味を損なうことはない．むしろ，**無効な数値を避け，簡潔にすべきである**．

本書の実験では，式 (4) で計算した $\sigma_{\overline{X}}$ の先頭の数字が 2 以上のときはその有効数字は 1 桁（四捨五入して，2～9）で十分である．先頭の数字が 10～14 のとき，$\sigma_{\overline{X}}$ を 1 桁（四捨五入して，1）にすると，有効数字を失う場合が多くなる．そのとき，$\overline{X}$ の下位桁も同時に四捨五入するからである．

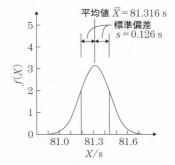

図 2.3　正規分布の例

平均値と標準偏差（図 2.2 と同じ）を指定すればこのようなグラフが描ける．縦軸の数値は曲線と X 軸の間の面積を 1 とするように調節されている．

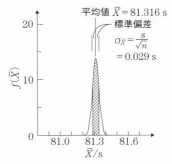

図 2.4　真値 X_0 の存在領域

測定値 X は大体図 2.3 のような現れ方をするのに対し，測定値の平均値 $\overline{X}$ はこのように狭い範囲に現れると予想される．真値 X_0 は約 68 %の確率で図の斜線の区間内にある．曲線と X 軸の間の全面積を 100 %とみなす．

平均値の不確かさ $\sigma_{\overline{X}}$ 自体にも偶発的な変動がある．変動の程度は測定回数 n による．測定回数が少ないと変動幅が大きくなる．このような状況で有効数字の選択には明確な切れ目がない．わかりやすくすることも大切である．省きすぎる場合もあるかも知れないが，本書の実験のレポートではつぎのルールにしたがおう．

ルール5：不確かさの有効数字は 2〜14 の範囲から選ぶ．

つまり，有効数字が 2, 3, 4, 5, 6, 7, 8, 9, 10, 11, 12, 13, 14 のどれかになるように $\sigma_{\overline{X}}$ を四捨五入する．これは得失のある選択である．まず $\sigma_{\overline{X}}$ を決め，それと位どりがそろうように $\overline{X}$ の末位を決める．下の練習問題および次章以降の例題に注意してほしい．

後の節で不確かさの伝播則を学ぶ．ルール5はこの場合にも使うことにする．

測定を重ねながら理解を深めよう．将来，有効数字の選択で迷うときは物理学実験で指示されたこの範囲を思い出し，改めて考え直していただきたい．

物理定数（p.166）などの特別な精密測定値では不確かさはいつでも2桁で示されている．不確かさの伝播則計算などでの有効数字の損失を防ぐためである．

表 2.3 $\overline{X} \pm \sigma_{\overline{X}}$ の信頼度

測定回数 n	信頼度/%
2	50
3	58
4	61
5	63
6	64
10	66
15	67

註：推定式 $X_0 = \overline{X} \pm \sigma_{\overline{X}}$ の信頼度が測定回数 n によることは常識的にも推察される．上の表はこのようすを数値化したものである．たとえば，$n = 2$ のときの信頼度は 50 ％であるが，$n = 3$ では 58 ％になり，$n \geq 4$ で 60 ％を越える．さらに n を大きくすれば 68 ％に近づく．表値はステュデントの t 分布による．ここでは $\overline{X}$（正規分布）と $\sigma_{\overline{X}}$ の双方の変動が考慮されている．繰り返し測定の結果の取りまとめ方は実質的には t 分布の式を使っている．

練習問題

2.5 次の結果の表し方を適正にせよ．（・・・）が不適正な点である．
(1) 3321.3 ± 4　　（位どりがそろっていない．）
(2) $0.00000324 \pm 0.00000002$　（わかりにくい．）
(3) $2.548 \times 10^{-4} \pm 0.3 \times 10^{-5}$　（わかりにくい．不要な数字がある．）
(4) $(6.27 \pm 0.58) \times 10^{-4}$　（無効な数字がある．）

2.6 次の結果の表し方を適正にせよ．不確かさの有効数字はルール5で決めよう．
(1) 25.764 ± 0.093
(2) 25.764 ± 0.098
(3) 25.764 ± 0.142
(4) 25.764 ± 0.147

2–5　平均値および平均値の不確かさ

長さ，時間，質量，電流などの物理量は測定器具を使って直接に測定できる．このような測定を**直接測定**という．前節では時間の直接測定値（振り子の周期）を例に，平均値，標準偏差，平均値の不確かさの考え方のあらましを説明した．

真値 X_0 の測定値（$X_1, X_2, \cdots X_n$）について，これらを改めて書き上げる．

$$\text{測定値の平均値} \quad \overline{X} = \frac{\sum\limits_{i=1}^{n} X_i}{n} \tag{6}$$

$$\text{測定値の標準偏差} \quad s = \sqrt{\frac{\sum\limits_{i=1}^{n} \left(X_i - \overline{X}\right)^2}{n-1}} \tag{7}$$

$$\text{平均値の不確かさ} \quad \sigma_{\overline{X}} = \frac{s}{\sqrt{n}} = \sqrt{\frac{\sum\limits_{i=1}^{n} \left(X_i - \overline{X}\right)^2}{n(n-1)}} \tag{8}$$

$$\text{真値の推定式} \quad X_0 = \overline{X} \pm \sigma_{\overline{X}} \tag{9}$$

まず，式 (6)～(9) を使うことから始めよう．その後で式の根拠を説明する．

例題 1　ある金属円柱の直径 X を任意の 6 カ所で測定し，下表の左の 2 列のような結果が得られた．直径の平均値と平均値の不確かさを求めよ．

表を拡張して右の 2 列をつけ加える．まず，定義通りに計算すればよい．

表　円柱の直径の測定値とその散らばりのようす

番号 i	測定値 X_i/mm	残差 $(X_i - \overline{X})/\text{mm}$	残差の 2 乗 $(X_i - \overline{X})^2/\text{mm}^2$
1	20.284	0.006	36×10^{-6}
2	20.276	-0.002	4×10^{-6}
3	20.279	0.001	1×10^{-6}
4	20.281	0.003	9×10^{-6}
5	20.277	-0.001	1×10^{-6}
6	20.271	-0.007	49×10^{-6}
合計	121.668	0.000	100×10^{-6}

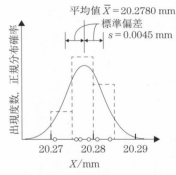

図 **2.5**　**測定値と正規分布の比較例**

　左表の測定値の散らばり具合（集まり具合）を正規分布の曲線の形に変えてみる．6 個の測定値が白丸で示されている．点線はその度数分布である．これらの標準偏差は $s = 0.0045$ となる．この場合は，$\overline{X} \pm s$ の区間内に 6 個中 4 個の測定値が含まれる．

測定値の合計より　　平均値　　$\overline{X} = \dfrac{121.668}{6} = 20.2780 \text{ mm}$

残差の 2 乗の合計より　標準偏差　$s = \sqrt{\dfrac{100 \times 10^{-6}}{5}} = 0.0045 \text{ mm}$

平均値の不確かさ　$\sigma_{\overline{X}} = \sqrt{\dfrac{100 \times 10^{-6}}{6 \times 5}} = 0.00182 \text{ mm}$

有効数字を点検しよう．まず，ルール 5 に従って平均値の不確かさの有効数字を考えると，$\sigma_{\overline{X}} = 0.002 \text{ mm}$ となる．$\sigma_{\overline{X}}$ が小数第 3 位までの数値になった

ので，平均値もその位どりにそろえて小数第3位までとって，$\overline{X} = 20.278\,\text{mm}$ とする．以上より，

$$直径 \quad X = 20.278 \pm 0.002\,\text{mm} \qquad //$$

平均値の不確かさ $\sigma_{\overline{X}} = \dfrac{s}{\sqrt{n}}$ の根拠 †

　表題の式を導く話に移る．目標は**平均値の誤差 $\overline{X} - X_0$ の大きさ $|\overline{X} - X_0|$ を見積もる適正な方法**を見つけることである．それが平均値の不確かさになる．

　確定した直接測定値 $(X_1, X_2, \cdots X_n)$ について，以後の式の定義や計算を簡単にするため，個々の残差 δ_i と誤差 ε_i を定義する．

$$個々の残差（数値は分かる）\qquad \delta_i = X_i - \overline{X} \qquad (10)$$

$$個々の誤差（数値は分からない）\qquad \varepsilon_i = X_i - X_0 \qquad (11)$$

これまでの例では，残差 δ_i で測定値の標準偏差 s を計算した．

多人数の身長の分布などの集計では標準偏差は式 (12) で分母を n とする式で計算される．真値がない場合に適正な算式である．

$$\overline{X}を中心とする標準偏差 \qquad s = \sqrt{\dfrac{\sum\limits_{i=1}^{n} \delta_i^2}{n-1}} \qquad (12)$$

ここで，誤差 ε_i で標準偏差 s' を改めて定義する．

$$X_0を中心とする標準偏差 \qquad s' = \sqrt{\dfrac{\sum\limits_{i=1}^{n} \varepsilon_i^2}{n}} \qquad (13)$$

このルート記号の中は ε_i^2 の平均を表している．数値は分からないが，ε_i には偶然誤差として予想できる性質がある．「絶対値の等しい正の誤差と負の誤差が生じる確率は等しい」ことだけを仮定しよう．これだけで，$|\overline{X} - X_0| = \dfrac{s}{\sqrt{n}}$，$s' = s$ と結論されることが分かる．結論だけを知ればよい人はここまで読むだけで十分である．以後はこの証明である．$\sum_{i=1}^{n}$ を簡単に $\sum$ と書く．

誤差 $(\varepsilon_1, \varepsilon_2, \cdots, \varepsilon_n)$ の各成分はゼロを中心とする負から正のある範囲内に，互いに独立に，偶発的な符号と大きさに現れる．測定の回数 n を大きくすると ε_i の平均値（＝式 (14) の右辺）はゼロに近づく．一方で，ε_i^2 の平均値はある値 σ^2 に近づくと期待される．

　次のように，**平均値 $\overline{X}$ の誤差 $\overline{X} - X_0$ は個々の誤差 ε_i の平均**として表される．

$$\overline{X} - X_0 = \dfrac{\sum X_i}{n} - X_0 = \dfrac{\sum (X_0 + \varepsilon_i)}{n} - X_0 = \dfrac{\sum \varepsilon_i}{n} \qquad (14)$$

この右辺の性質を調べる．まず，$n = 2$ の場合で考えよう．ε_1 と ε_2 が同じ符号（正どうし，または負どうし）の場合には $|\varepsilon_1 + \varepsilon_2|$ は大きくなるが，異なる符号の場合には $|\varepsilon_1 + \varepsilon_2|$ は小さくなる．上の仮定によれば，この2つの場合は同じ確率（50％ずつ）で起こる．右辺にはこのような**確率的な期待を含む計算式**が必要である．公平な確率の議論は長くなるので，ここでは結果の式を引用しよう．右辺の $\varepsilon_1 + \varepsilon_2$ の大きさ（絶対値）は式 $\sqrt{\varepsilon_1^2 + \varepsilon_2^2}$ の形で見積もられる．$n = 3$ の場合も同様で $\varepsilon_1 + \varepsilon_2 + \varepsilon_3$ の大きさは $\sqrt{\varepsilon_1^2 + \varepsilon_2^2 + \varepsilon_3^2}$ の形になる．この理由は本章の7節で定性的に説明し，10節で定量的に証明してある．

誤差 ^{2} の大きさの確率的な期待
同符号 ＋ 異符号 ⇒ 期待式
$0.5(\varepsilon_1 + \varepsilon_2)^2 + 0.5(\varepsilon_1 - \varepsilon_2)^2$
$= \varepsilon_1^2 + \varepsilon_2^2$

　この考え方で誤差どうしの式 (14) は次のように書き換えられる．

$$|\overline{X} - X_0| = \dfrac{|\sum \varepsilon_i|}{n} \fallingdotseq \dfrac{\sqrt{\sum \varepsilon_i^2}}{n} = \dfrac{1}{\sqrt{n}} \sqrt{\dfrac{\sum \varepsilon_i^2}{n}} = \dfrac{s'}{\sqrt{n}} \qquad (15)$$

大きさを見積もればよいので，左辺では式 (14) を絶対値記号で表している．式の $\fallingdotseq$ より右が確率的な期待を表す式である．この意味で短く $|\overline{X} - X_0| = \dfrac{s'}{\sqrt{n}}$ と書けるが，これでは両辺ともまだ誤差の式のままで数値は分からない．ここで $\Sigma \varepsilon_i^2$ を数値の分かる $\Sigma \delta_i^2$ と $\overline{X}$ を使う式に書き直すと $|\overline{X} - X_0|$ の数値が分かることになる．この計算は $X_i = \delta_i + \overline{X}$ として次のように進められる．残差 δ_i については $\Sigma \delta_i = 0$ であること（$\overline{X}$ の定義に伴う）が使える．

$$\begin{aligned}\Sigma \varepsilon_i^2 &= \Sigma (X_i - X_0)^2 \\ &= \Sigma \{\delta_i + (\overline{X} - X_0)\}^2 \\ &= \Sigma \delta_i^2 + 2(\overline{X} - X_0)\Sigma \delta_i + n(\overline{X} - X_0)^2 \\ &= \Sigma \delta_i^2 + n(\overline{X} - X_0)^2 \end{aligned} \qquad (16)$$

この $\Sigma \varepsilon_i^2$ を式 (15) に代入して整理すると，目標の式が得られる．整理途上の式を次の連立方程式の形に書くと上の話の全体的な流れが見やすくなる．

$$\text{式 (15)} \quad \Rightarrow \quad n(\overline{X} - X_0)^2 = \frac{\Sigma \varepsilon_i^2}{n} \qquad \text{誤差どうしの関係} \quad (15')$$

$$\text{式 (16)} \quad \Rightarrow \quad \frac{\Sigma \varepsilon_i^2}{n} = \frac{\Sigma \delta_i^2}{n} + (\overline{X} - X_0)^2 \quad \text{誤差と残差の関係} \quad (16')$$

$(\overline{X} - X_0)^2$ と $\dfrac{\Sigma \varepsilon_i^2}{n}$ が未知量で，$\dfrac{\Sigma \delta_i^2}{n}$ が既知量である．この解は次のようになる．

$$(\overline{X} - X_0)^2 = \frac{\Sigma \delta_i^2}{n(n-1)} \quad \text{および} \quad \frac{\Sigma \varepsilon_i^2}{n} = \frac{\Sigma \delta_i^2}{n-1} \quad (s' = s) \qquad (17)$$

この 2 つの式が結論である．結果を次のように書き直す．

$$\therefore \quad \text{平均値の不確かさ} \quad \sigma_{\overline{X}} = |\,\overline{X} - X_0\,| = \sqrt{\frac{\Sigma \delta_i^2}{n(n-1)}} = \frac{s}{\sqrt{n}} \quad (18)$$

式 (18) は式 (8) および式 (9) と同じことを表している．s を計算する式 (3) と式 (12) で分母が n-1 である理由がここで確認できる形になっている．

不確かさと誤差 †

　以上で，平均値の誤差 $\overline{X} - X_0$ は不明のままであるが，**確率的な仮定のもとで**，その大きさ $|\,\overline{X} - X_0\,|$ を見積もる方法が分かった．ここが平均値の不確かさと誤差の 2 つの評価法が共有する統計的な基礎の重要な部分である．標準偏差が基本的な役割を果たしている．正規分布を使えば，上の**推定式 (18) の信頼度**が分かる．これは次節で行う．

　なお，十分に多数回の測定が行えるとすれば，**測定値の標準偏差 s はある値 σ に近づく**と期待してよい．この σ を**母標準偏差**と呼ぶ．

　ここで，未知量と既知量をつなぐために式 (16) が役立った．この式には統計論でキーになる着想が含まれている．見直しておくと後々の役にも立つ．

　2 つ以上の誤差を合わせた誤差の大きさは向きの異なる成分を持つベクトルの大きさのように考えてよい．$n = 2, 3$ の場合は実空間に対応させて測定値の標本空間のイメージを描き出せる．$n \geq 4$ でも式の形をそのまま拡張してよい．

両辺の特徴はつぎのように表せる.

$$\underbrace{\varepsilon_1^2 + \varepsilon_2^2 + \cdots + \varepsilon_n^2}_{} = \underbrace{\delta_1^2 + \delta_2^2 + \cdots + \delta_n^2}_{} + n(\overline{X} - X_0)^2 \tag{16}$$

期待値 $n\sigma^2$　　　＝　期待値 $(n-1)\sigma^2$　＋　期待値 σ^2

　　　　　　└──→最小化──────┘　　　　　　X_0の 2 次式

自由度 n　　　＝　　自由度 $(n-1)$　＋　　自由度 1

n 個の誤差 ε_i^2 は互いに独立であり，左辺は自由度 n の式とみなせる．この各項にある真値 X_0 が右辺では $n(\overline{X} - X_0)^2$ に集められている．X_0 を変数とみると **$X_0 = \overline{X}$ の場合に式の両辺は最小になる**．n 個の残差 δ_i の間には $\Sigma\delta_i = 0$ の関係があるので $\Sigma\delta_i^2$ は自由度 $n-1$ の式とみなせる．自由度に応じて期待値が上のように配分される．とくに，**$n(\overline{X} - X_0)^2$ の期待値が σ^2 となる**ことに注目しよう．式 (12) はこの σ を見積もる算式（$\sigma \fallingdotseq s$）である．

練習問題

2.7　周波数 f を 4 回測定して 60.4, 59.6, 60.2, 59.8 Hz を得た．平均値と平均値の不確かさを計算し，結果を $f = \overline{f} \pm \sigma_{\overline{f}}$ の形で表せ．例題 1 のような表を作って行うこと．

2–6 測定値のばらつきと正規分布

前節では，平均値の不確かさを表す式 $\sigma_{\overline{X}} = \frac{s}{\sqrt{n}}$ の由来を説明した．この節では，推定式 $X_0 = \overline{X} \pm \sigma_{\overline{X}}$ の信頼度に定量的な見当をつけたい．

ばらつきの表わし方

今一度，4節の実例を見よう．図 2.2（実験）と図 2.3（理論）のグラフを重ね描きして改めて図 2.6 に示す．測定値のばらつき方はほぼ正規分布型である．同様の重ね描きは 5 節の図 2.5 にもある．分布の傾向は合っていると言える．

正規分布は統計的な事象の解析によく使われる．一般に，**母平均m，母標準偏差σ の正規分布を表す確率密度関数** $f(X)$ は次の形になる．

正規分布を表す確率密度関数　　　$f(X) = \dfrac{1}{\sqrt{2\pi}\sigma} e^{-\frac{(X-m)^2}{2\sigma^2}}$ 　　(19)

この関数形は，元々は天体や地上の測量のデータ（くい違いのある多数の直接測定値と間接測定値の集まり）から最良の数値解を見出すために，数学者ガウスによって考案された．その名に因んで $f(X)$ は**ガウス関数**と呼ばれる．

物理学実験でも，測定値 X のばらつき方は正規分布で表されると想定する．

ガウス関数の特徴

一般的なガウス関数のグラフを図 2.7 に示す．母平均 m を真値 X_0 とする．今は，これを測定値の母集団のグラフとみなす．真値 X_0 の付近に測定値が現れやすく，X_0 から離れるとその確率も減る．測定値は大体このような散らばり方（集まり方）をすると考えよう．曲線と X 軸の間の面積が 1（100 %）となるように係数 $\left(\frac{1}{\sqrt{2\pi}\sigma}\right)$ が決められている．斜線部は真値 X_0 の両側で母標準偏差 σ の幅をもつ区間を示す．測定値がこの区間内に現れる確率は σ の数値に依らず 68 % となる．これらのことがらは積分式で次のように表される．

全確率　　　　　　　　　$\displaystyle\int_{-\infty}^{\infty} f(X)\mathrm{d}X = 1$ 　　(20)

$X_0 \pm \sigma$の範囲の確率　　$\displaystyle\int_{X_0-\sigma}^{X_0+\sigma} f(X)\mathrm{d}X = 0.68269\cdots$ 　　(21)

ガウス関数はこのような方式で測定値 X の現れ方を確率的に表現する確率密度関数である．測定値 X は確率変数である．

最良推定値の意味づけ

平均値 $\overline{X}$ は真値 X_0 の最良推定値である．この意味をガウス関数をもとに考えよう．まず，繰り返し測定の 1 回目で測定値 X_1 を得る確率は $f(X_1)$ に比例すると考える．n 回の測定で $(X_1, X_2, \cdots X_n)$ を得る確率は次の式に比例する．

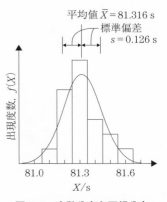

図 2.6 度数分布と正規分布
分布の型を確定するにはさらに多くの測定値が必要である．普通の測定ではその必要はない．

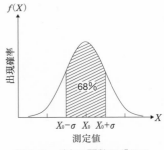

図 2.7 ガウス関数のグラフ
曲線の下の面積を 1 とする．斜線部の面積が 0.68 になる．斜線区間の端に曲線の変曲点（傾きが最大になる点）がある．

変数を $z = \frac{X-X_0}{\sigma}$ とおくと右の積分式は

$$\int_{-\infty}^{\infty} \frac{1}{\sqrt{2\pi}} e^{-\frac{z^2}{2}} \mathrm{d}z = 1$$

$$\int_{-1}^{1} \frac{1}{\sqrt{2\pi}} e^{-\frac{z^2}{2}} \mathrm{d}z = 0.68269\cdots$$

指数関数では $e^u \cdot e^v = e^{u+v}$

$$n \text{ 個のガウス関数の積} \quad f(X_1)f(X_2)\cdots f(X_n) = \left(\frac{1}{\sqrt{2\pi}\sigma}\right)^n e^{-L} \quad (22)$$

$$\text{上式の指数} \quad L = \frac{\sum\limits_{i=1}^{n}(X_i - X_0)^2}{2\sigma^2} \quad (23)$$

指数関数の性質より，指数 L は個々の誤差の 2 乗 (ε_i^2) を合計する形になる．ここに標準偏差 s' を定義する式 (13) の原型ができている．これがガウス関数の特質である．

測定値の組 $(X_1, X_2, \cdots X_n)$ を最大確率で現れた組のようにみなすために，式 (22) の L を最小にする．この着想を原理的な出発点とする考え方を**最尤法**という．最小 2 乗法はこれと同じ考え方である．

さて，実際の測定で $(X_1, X_2, \cdots X_n)$ の数値が確定し，上の式に代入されているとする．未定の量は X_0 と σ だけである．これらは測定値から推定する．仮に X_0 を変数とみると，指数 L は X_0 の 2 次関数である．ここで X_0 を推定する方針として，**標準偏差 s' を最小にする**ことを考えよう．つまり，L を最小にする X_0 を求める．結果は次のようになる．

$$\text{最小化条件} \quad \frac{\mathrm{d}L}{\mathrm{d}X_0} = \frac{-\sum\limits_{i=1}^{n}(X_i - X_0)}{\sigma^2} = 0 \text{ より，} \quad X_0 = \frac{\sum\limits_{i=1}^{n}X_i}{n} \quad (24)$$

式 (24) の右辺は平均値 $\overline{X}$ そのものである．このようにして，推定値としては $X_0 = \overline{X}$ が最良であるとみなせる．この方法は 2 乗項の和である式 (23) を最小にするので**最小 2 乗法**と呼ばれる．**不確かさを最小にする方法**とも言える．

s の不確かさ，つまり不確かさの不確かさは，n が大きいときには，およそ $s\sqrt{\frac{2}{n-1}}$ とみなせる．

母標準偏差 σ については，式 (12) の s が最良推定値 $(\sigma = s)$ である．

平均値 $\overline{X}$ の確率分布 [†]

実際には，$\overline{X}$ は X_0 と同じではない．平均値 $\overline{X}$ の誤差 $\overline{X} - X_0$ のようすをガウス関数で調べよう．前節の式 (16) の $n(\overline{X} - X_0)^2$ 項に目をつける．式 (16) の両辺を $2\sigma^2$ で割り，改めて書くと，

$$\frac{\sum \varepsilon_i^2}{2\sigma^2} = \frac{\sum \delta_i^2}{2\sigma^2} + \frac{n\left(\overline{X} - X_0\right)^2}{2\sigma^2} \quad (25)$$

となる．この左辺は式 (23) の指数 L そのものである．そこで，式 (22) の指数関数 e^{-L} を式 (25) の右辺を使って書き直す．すると，この右辺の第 2 項より，e^{-L} の一部に，

$$\overline{X} \text{ の正規分布} \quad f\left(\overline{X}\right) = c e^{-\frac{n(\overline{X} - X_0)^2}{2\sigma^2}} = \frac{1}{\sqrt{2\pi}\sigma'} e^{-\frac{(\overline{X} - X_0)^2}{2\sigma'^2}} \quad (26)$$

$$\overline{X} \text{ の母標準偏差} \quad \sigma' = \frac{\sigma}{\sqrt{n}} \quad (27)$$

データの数が少ないときは信頼度が下がる．$n = 2$ では 50 ％，$n = 5$ では 63 ％などとなる．表 2.3 (p.30) を参照のこと．

の形で，**新しい正規分布を表すガウス関数がある**ことがわかる．この式では，変数が X でなく $\overline{X}$ であり，母標準偏差が σ から σ' に小さく（分布の幅が狭く）なっていることに注目しよう．4 節の図 2.4 はこのタイプの正規分布 $(\sigma' = \sigma_{\overline{X}})$ を描いたものである．式 (27) は $\sigma_{\overline{X}} = \frac{s}{\sqrt{n}}$ に対応する関係式である．幅が狭くなっても斜線部の面積が 0.68 であることは変わらない．これより，**推定式 $X_0 = \overline{X} \pm \sigma_{\overline{X}}$ は信頼度 68 ％の表現**であることがわかる．

不確かさの値 †

標準偏差 s は現実の測定値のばらつきから計算されるのに対し，平均値の不確かさ $\sigma_{\overline{X}}\left(=\frac{s}{\sqrt{n}}\right)$ は「**その値を標準偏差とする $\overline{X}$ の正規分布があるだろう**」との推論からきている．今一度，図 2.3 と図 2.4 をくらべてみよう．

推定式での不確かさの表示を 2 倍にして，$X_0 = \overline{X} \pm 2\sigma_{\overline{X}}$ とすれば，「当り」の確率は約 95 ％となる．このことは次の式で表される．

$$X_0 \pm 2\sigma \text{の範囲の確率} \quad \int_{X_0-2\sigma}^{X_0+2\sigma} f(X)\mathrm{d}X = 0.95450\cdots \quad (28)$$

変数を $z = \dfrac{X - X_0}{\sigma}$ とおくと右の積分式は

$$\int_{-2}^{2} \frac{1}{\sqrt{2\pi}} e^{-\frac{z^2}{2}} dz = 0.95450\cdots$$

不確かさの範囲を広くとれば当たる確率も上がるのは当然である．本書では使わないが，この表示法は拡張不確かさとして信頼度 95 ％を添えて使われる．

表現の意味をそろえるために，物理的な測定では，どの分野でも共通に 1 標準偏差の範囲を示す推定式 $X_0 = \overline{X} \pm \sigma_{\overline{X}}$ が使われている．この $\sigma_{\overline{X}}$ は**平均値の標準不確かさ**と呼ばれる．

正規分布が有効な理由 †

先に 3 節で偶然効果の特徴を説明した．測定値のばらつきは偶発的で制御しきれない小さな原因の重なりからくる．そこには，プラス方向の原因とマイナス方向の原因が混在している．これは正規分布が生じる条件になる．

ところで，平均値は何個かの「測定値という原因」を重ねた結果とみなせる．平均値を求める算法自体が正規分布が生じる条件になる．つまり，**平均値は正規分布型をつくり易い**．このことはもとの測定値の分布が正規分布でなくても言えることである．例えば，図 2.2 の度数分布が正規分布型でないとしても，その $\overline{X}$ の分布は図 2.4 のような正規分布に近くなる．

一般に，測定回数 n を多くしても測定値の標準偏差 s はあまり変わらない．一方で，平均値 $\overline{X}$ の標準偏差 $\sigma_{\overline{X}} = \frac{s}{\sqrt{n}}$ はゆっくりではあるが確実に小さくなる．n が大きいほど，平均値 $\overline{X}$ の分布は正規分布に近づく．各種のデータ処理上で経験されたこのような事実は統計論で**中心極限定理**として認められている．このことが平均値と正規分布が重視される理由である．

一方で，ばらつきが（ほとんど）なくて，正規分布に当てはまるとは思えない測定にも出会う．誤差はあるはずなので，測定器具の読み取りの不確かさから直接測定の $\sigma_{\overline{X}}$ に相当する値を決める場合もある．この具体的なことは，3 章および 4 章の各節の説明をみてほしい．

次節で，間接測定の場合に起こる不確かさの伝播のようすを説明する．ここでも確率的な考え方を受け継ぐことになる．次の計算に使うために，適切な信頼度確率 (50〜100 ％) で $\sigma_{\overline{X}}$ を見積もる必要がある．不確かさのレベルをそろえるには信頼度確率が 70 ％程度になるように直接測定の $\sigma_{\overline{X}}$ を選ぶことが望ましい．

一般に，未定・不明の要素を含みながら結論を出す必要のある場合は**確率的な表現が最も合理的**である．それ以上のことはできない．不確かさ評価はこの立場に立っている．正規分布はこのようすを定量的に考えるための基本的な確率分布である．

適切な条件を設定して，ばらつきの結果が正規分布になることは数学的な方法で示せる．

実際に平均値の分布をみるには，「独立な平均値」を多数集める必要がある．例えば，同じ装置で同種の測定を行った多数の班が得た平均値を集めて度数分布を調べる．1 ランク上の作業になる．

2–7　間接測定における不確かさの伝播則

　実験では，直接測定で得たいくつかの物理量 $X, Y, \cdots$ を理論式に代入し，新しい物理量 u を計算するのが普通である．このような u の決定方法を**間接測定**という．$X, Y, \cdots$ はそれぞれ不確かさをもっている．さて，u の不確かさはどう見積もるのがよいのだろうか．

不確かさの合成と 2 乗和の平方根

　簡単な数値例から始めよう．今，$X = 200 \pm 4$, $Y = 100 \pm 3$ の 2 つの直接測定値があるとする．これらの和 $u = X + Y = 300$ の不確かさ σ_u はどう見積もるのだろうか．これには，$\sigma_u = 4 + 3 = 7$ ではなく，$\sigma_u = \sqrt{4^2 + 3^2} = 5$ とするのがよい．単純な和ではないので，**不確かさを合成する**という．$u = 300 \pm 5$ がこの場合の適正な表現である．このわけを定性的に説明しよう．

　X と Y は，お互いに関係なく，それぞれの真値 X_0 と Y_0 の近くに確率的に決まるとする．このようすを図 2.8 の XY 座標平面上で表すことにする．図に示すように，X と Y の大きさで分けて，次の 4 つの場合がある．

① X も Y も真値より大きい場合　　　　　　　確率 25 %
② X が真値より大きく，Y が真値より小さい場合　　確率 25 %
③ X が真値より小さく，Y が真値より大きい場合　　確率 25 %
④ X も Y も真値より小さい場合　　　　　　　確率 25 %

　これら①〜④は同じ確率で起こるので，実際にどの場合が起こっているかはわからない．u の値は，①では真値よりも大きくなり，④では真値よりも小さくなるが，②と③では X と Y の誤差どうしが打ち消し合うので真値に近づくことになる．つまり，確率 50 %（2 回に 1 回の割合）で，u は真値に近づくので，$\sigma_u = 7$ は大きすぎて，$\sigma_u = 5$ が適正とみなされる（練習問題 3）．

　差 $u = X - Y = 100$ の計算では，①と④で誤差どうしが打ち消し合うので，確率は同じで，やはり $\sigma_u = \sqrt{4^2 + 3^2} = 5$ であり，$u = 100 \pm 5$ が適正な表現になる．和でも差でも，u が真値の近くにくる確率は同じである．

　このタイプの算式を **2 乗和の平方根**と呼ぶことにする．この呼び方をそのまま覚えておくことを勧める．**不確かさの合成は 2 乗和の平方根で行う**．基礎にある確率的な考え方について，さしあたり上の話で納得されたい．

　もう 1 例，同じ $X = 200 \pm 4$, $Y = 100 \pm 3$ で，商 $u = X/Y = 2.00$ の不確かさ σ_u を考えてみよう．まず，X, Y の不確かさの影響を u の変化に換算してみる．X だけを不確かさ分だけ大きくすると $u = 2.04$ となり，u の値は 0.04 だけ変化する．同様に，Y だけを不確かさ分だけ大きくすると $u = 1.94$ となり，u の値は -0.06 だけ変化する．X, Y の値には上の①〜④の場合があることに変わりはない．u の不確かさ σ_u は 2 つの変化高を 2 乗和の平方根で合成して，$\sigma_u = \sqrt{0.04^2 + 0.06^2} = 0.07$ のように計算する．結果として，$u = 2.00 \pm 0.07$ が適正な表現となる．適正とは，ここでは信頼度をなるべく 68 % 付近に保つという意味である．合成結果の σ_u を**合成標準不確かさ**と呼ぶ．

　この考え方をさらに実際的な場合に拡張しよう．

【注意】

　多くの教科書で**誤差**という言葉が **2** つの意味で使われている．本書と読み比べるときには次のように考えよう．

A. 数値計算できない誤差

　本書の式 (1), (11), (14) などの**定義類**

　これらは誤差そのものである．

B. 数値計算できる誤差

　本書の式 (4), (8), (18), (38) などの**公式類**

これらは不確かさと言い換えられる．何らかの標準偏差の値である場合が多い．

A を見積もるために B を使う．A か B かは文脈上で見分けられるようになっている．データ処理の公式類はほとんどすべての場合で B の話となる．

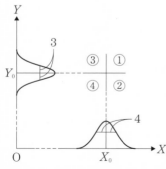

図 2.8　測定値 (X, Y) の現れる領域区分

　X と Y の真値 X_0 と Y_0 は未知である．右の例の $(X, Y) = (200, 100)$ が図の①，②，③，④のどこかの領域にある．

　X と Y のそれぞれの出現確率を表す正規分布のグラフを各軸に沿って描いてある．分布の標準偏差が不確かさである．(X, Y) が (X_0, Y_0) の周辺に現れる様子を想像しよう．

基礎測定 A（密度測定）の場合

例題 2 ある金属で造られた円柱の質量 M [g]，高さ H [cm]，直径 D [cm] を測定して次の結果を得た．この金属の密度 ρ [g/cm³] を求めよ．

$$M = 127.55 \pm 0.10\,\mathrm{g},\ H = 4.560 \pm 0.005\,\mathrm{cm},\ D = 1.9979 \pm 0.0004\,\mathrm{cm}$$

これらの数値は 14 ページのレポートの内容見本と同じである．

ρ の値は密度の定義式で計算される．

$$\rho = \frac{4M}{\pi D^2 H} = \frac{4 \times 127.55}{3.141592 \times 1.9979^2 \times 4.560} = 8.92233\,\mathrm{g/cm}^3 \quad (29)$$

ρ の合成標準不確かさ σ_ρ は，M, H, D のそれぞれの不確かさの影響を受ける．まず，電卓を使って次の計算を確かめてみよう．

M のみを不確かさ分だけ大きく $M = 127.65$ とすると，$\rho = 8.9293$，上の ρ との差は　0.0070

H のみを不確かさ分だけ大きく $H = 4.565$ とすると，$\rho = 8.9126$，上の ρ との差は -0.0097

D のみを不確かさ分だけ大きく $D = 1.9983$ とすると，$\rho = 8.9188$，上の ρ との差は -0.0035

ここでは途中の計算の数値をルール 3～5 の指示よりも 1 桁多くとっている．この例で四捨五入のしかたに注意しよう．

また，M, H, D のそれぞれを不確かさ分だけ小さくして計算すると，上の右端の数値の符号が反対になる．符号の組み合わせは $2^3 = 8$ 通りあり，実際にはどの場合が実現しているか不明である．どの場合も同じ確率 (12.5 %) で実現し得るとみなして，σ_ρ はこれらの 2 乗和の平方根で見積もられる．

$$\sigma_\rho = \sqrt{0.0070^2 + 0.0097^2 + 0.0035^2} = 0.01246\cdots = 0.012\,\mathrm{g/cm}^3 \quad (30)$$

最終結果は次の形になる．ρ と σ_ρ の有効数字の末位をそろえる．

$$\rho = 8.922 \pm 0.012\,\mathrm{g/cm}^3 \qquad //$$

上の計算例は，電卓だけで確実にできる方法で，間接測定の合成標準不確かさの計算規則を示すものである．**原理的には，これですべて**と考えてよい．

伝播則の微分が複雑な場合，電卓だけで計算する方が早くて確実なときもある．パソコンの表計算プログラムを使うと簡単に実行できる．

解析的な方法

この例で，計算の見通しをよくしよう．算法を解析的な方法で見直すことにする．M, H, D のそれぞれが現在の値から $\mathrm{d}M, \mathrm{d}H, \mathrm{d}D$ だけの**微小変化**を起こすとき，ρ の微小変化 $\mathrm{d}\rho$ は次の**全微分式**で計算できる．

ρ の全微分（定義式）　　　$\displaystyle \mathrm{d}\rho = \frac{\partial \rho}{\partial M}\mathrm{d}M + \frac{\partial \rho}{\partial H}\mathrm{d}H + \frac{\partial \rho}{\partial D}\mathrm{d}D \quad (31)$

偏微分の計算を実行　　　$\displaystyle = \frac{4}{\pi D^2 H}\mathrm{d}M - \frac{4M}{\pi D^2 H^2}\mathrm{d}H - \frac{8M}{\pi D^3 H}\mathrm{d}D$

ρ を使うと見やすくなり　　　$\displaystyle = \rho\left(\frac{\mathrm{d}M}{M} - \frac{\mathrm{d}H}{H} - 2\frac{\mathrm{d}D}{D}\right) \quad (32)$

式 (31), (32) は $\mathrm{d}\rho$ および $\mathrm{d}M, \mathrm{d}H, \mathrm{d}D$ が無限小変化のときに厳密な表現になる．変化が不確かさ $\sigma_M, \sigma_H, \sigma_D$ 程度の小さな値の場合は，$\mathrm{d}\rho$ は上に小字で書かれた 3 行の右端の数値とほぼ同じ値になる．たとえば，H のみを不確かさ分だけ大きくしたときは $\mathrm{d}\rho = -\rho\frac{\sigma_H}{H} = -8.92 \times \frac{0.005}{4.560} = -0.0098$ となる．これは全微分式の応用の好例である．

　　ここで，式 (32) の dM, dH, dD を $\sigma_M, \sigma_H, \sigma_D$ で置き換えて，式 (30) の算法と同じ確率的な考え方で，符号を無視して 2 乗和の平方根の形に書き換えると次の式になる．

$$d\rho \, を \, \sigma_\rho \, に書き換えて \qquad \sigma_\rho = \rho\sqrt{\left(\frac{\sigma_M}{M}\right)^2 + \left(\frac{\sigma_H}{H}\right)^2 + \left(2\frac{\sigma_D}{D}\right)^2} \tag{33}$$

測定値を代入すると式 (30) と同じ結果になる．

$$\sigma_\rho = 8.922\sqrt{\left(\frac{0.1}{127.6}\right)^2 + \left(\frac{0.005}{4.560}\right)^2 + \left(2\times\frac{0.0004}{1.9979}\right)^2}$$

$$= 0.012544\cdots = 0.013\,\mathrm{g/cm^3} \tag{34}$$

　　実は，途中の計算で示したように，0.01246 と 0.01254 のごく僅かな差で，四捨五入の結果に違いが出た．このような場合はどちらをとってもよい．

　　式 (32) をつくるための**早道算法**がある．式 (29) の両辺の対数をとってから全微分する方法である．

対数関数 $y = \log x$ の微分が

$$\frac{dy}{dx} = \frac{1}{x} \quad \therefore \, dy = d(\log x) = \frac{dx}{x}$$

であることを利用する．この右辺の $\frac{dx}{x}$ が相対不確かさに置き換えやすい形になっている．同時に，積が和の形に書き直されるので，全微分の項をまとめるのに都合のよい形になる．

　　両辺の対数は　　　$\log\rho = \log 4 + \log M - \log\pi - \log H - 2\log D$

　　この全微分は　　　$\dfrac{d\rho}{\rho} = \dfrac{dM}{M} - \dfrac{dH}{H} - 2\dfrac{dD}{D}$ $\qquad$ (35)

これは式 (32) と内容的に同じであり，すぐに式 (33), (34) に書き換えられる．

不確かさの伝播則

　　例題 2 でみた考え方を一般化しよう．解析的な方法をストレートに拡張する．いくつかの物理量 $X, Y, Z, \cdots$ を直接測定で定めて，別の物理量 u を関数

$$u = F(X, Y, Z, \cdots) \tag{36}$$

で間接的に定めるとする．一般に，変数 $X, Y, Z, \cdots$ の値が現在値から**微小変化** $dX, dY, dZ, \cdots$ を起こすときの u の微小変化 du は**全微分式**で表される．

$$u \, の全微分（定義式）\quad du = \frac{\partial u}{\partial X}dX + \frac{\partial u}{\partial Y}dY + \frac{\partial u}{\partial Z}dZ\cdots \tag{37}$$

例題 2 にならって，この式で $dX, dY, dZ, \cdots$ を不確かさ $\sigma_X, \sigma_Y, \sigma_Z, \cdots$ で置き換えて，さらに，全体を 2 乗和の平方根に書き換えると σ_u を見積もる式になる．

$$\sigma_u = \sqrt{\left(\frac{\partial u}{\partial X}\sigma_X\right)^2 + \left(\frac{\partial u}{\partial Y}\sigma_Y\right)^2 + \left(\frac{\partial u}{\partial Z}\sigma_Z\right)^2 + \cdots} \tag{38}$$

　　式 (38) は不確かさの伝播則と呼ばれる．もとの式 (36) が決まれば，式 (38) はいつでも作れる．4 章の多くの実験テーマにこの式を応用する．その都度，式の意味をよく考えよう．先の例題 2 のように，対数の全微分を利用すると早道計算ができる場合が多い．微分の計算を正確に行うことが必須である．

　　不確かさの伝播則は測定値 $X, Y, Z, \cdots$ の同時正規分布から導かれる．一般的な証明は後の節で行う．

練習問題

2.8　ある長方形の金属板の長さを測定したところ，縦の長さは 40.00 ± 0.08 mm，横の長さは 20.00 ± 0.05 mm であった．この金属板の面積を不確かさの伝播則（p.38〜）を使って $S \pm \sigma_s$ [mm^2] の形で求めよ．

2.9　直接測定された物理量の測定値 $X \pm \sigma_X$, $Y \pm \sigma_Y$, $Z \pm \sigma_Z$ があるとする．不確かさの伝播則を使って，次の関数 u の不確かさ σ_u を計算する式を作れ．

(1)　$u = aX + bY$

(2)　$u = X^m Y^n$

(3)　$u = (X + Y)/Z$

(4)　$u = 3X(2Y + Z)^2$

2.10　本文の $X = 200 \pm 4$, $Y = 100 \pm 3$, $u = X + Y$ の例で，不確かさの 4, 3 は誤差の大きさであり，誤差として符号だけが不明（確率 50 ％）であると仮定する．このとき，本文の①，②，③，④の各場合の u の誤差はそれぞれ 7, 1, -1, -7 となる．これらのどれもが確率 25 ％で起こり得るとして，u の誤差の 2 乗の期待値の平方根（＝不確かさ）σ_u を求めよ．

2–8　1次式の最小2乗法

2種の物理量 X と Y の間に，理論的に期待できる**直線的な関数関係**

$$Y = A + BX \tag{39}$$

があり，実験的にもそのようすが図 2.9 のように認められているとする．本書では 4 章のテーマ 2, 3, 4, 5, 7, 13, 16, 18 でこのようなタイプの実験を行う．

実験では X と Y の測定値の組 $(X_1, Y_1), (X_2, Y_2), \cdots, (X_n, Y_n)$ が得られ，A と B が未知量となる．上の実験テーマの場合，調べたい物理量は X に対する Y の変化率 B（直線の傾き）である．直線と Y 軸の交点の値 A は物理的な結論にとくには関係しない．例外はテーマ 7 で，A にも明快な意味がある．

問題は測定値の組にふさわしい A と B を同時に見つけること，言い換えれば図 2.9 のようにすべてのデータ点になるべく平等に当てはまる最適の直線を見つけることである．測定値のばらつきのため，普通は Y_i と $A + BX_i$ は等しくない．この差を残差 δ_i とする．さらに，残差の 2 乗の和を L とする．

個々の残差　　　　$\delta_i = Y_i - (A + BX_i)$ (40)

残差の 2 乗の和　　$L = \sum_{i=1}^{n} \delta_i^2 = \sum_{i=1}^{n} \{Y_i - (A + BX_i)\}^2$ (41)

ここで，式 (41) の L を最小にする A と B を見つける方法を考える．この方法を**最小 2 乗法**と呼ぶ．今は，測定が終ってすべての (X_i, Y_i) が決まっていて，A と B だけが未知数である．2 変数 A, B での最小条件は次のようになる．

L を最小にする条件　　$\dfrac{\partial L}{\partial A} = 0, \quad \dfrac{\partial L}{\partial B} = 0$ (42)

微分を実行して，

連立方程式を行列式で表すと

$$\begin{pmatrix} n & \sum X_i \\ \sum X_i & \sum X_i^2 \end{pmatrix} \begin{pmatrix} A \\ B \end{pmatrix} = \begin{pmatrix} \sum Y_i \\ \sum X_i Y_i \end{pmatrix}$$

$$\frac{\partial L}{\partial A} = \sum_{i=1}^{n} 2\{Y_i - (A + BX_i)\}(-1) = -2\{\sum Y_i - \sum(A + BX_i)\} = 0$$

$$\frac{\partial L}{\partial B} = \sum_{i=1}^{n} 2\{Y_i - (A + BX_i)\}(-X_i) = -2\{\sum Y_i X_i - \sum(A + BX_i)X_i\} = 0,$$

整理すると，これらは A と B の連立方程式の形に書き直せる．

行列 $\begin{pmatrix} a & b \\ c & d \end{pmatrix}$ の逆行列は

$\dfrac{1}{ad-bc} \begin{pmatrix} d & -b \\ -c & a \end{pmatrix}$ である．

連立 1 次方程式　　　$nA + (\sum X_i)B = \sum Y_i$

$\quad (\sum X_i)A + (\sum X_i^2)B = \sum X_i Y_i$ (43)

$\therefore \dfrac{1}{ad-bc} \begin{pmatrix} d & -b \\ -c & a \end{pmatrix} \begin{pmatrix} a & b \\ c & d \end{pmatrix} = \begin{pmatrix} 1 & 0 \\ 0 & 1 \end{pmatrix}$

式中の $\sum X_i, \sum X_i^2, \sum Y_i, \sum X_i Y_i$ を計算し，方程式を解いて A と B を求める．

$\therefore$ 左辺の行列の逆行列を作って左側からかけると解の行列式を得る．

$\begin{pmatrix} A \\ B \end{pmatrix} = \dfrac{1}{D} \begin{pmatrix} \sum X_i^2 & -\sum X_i \\ -\sum X_i & n \end{pmatrix} \begin{pmatrix} \sum Y_i \\ \sum X_i Y_i \end{pmatrix}$

方程式の解　　　$A = \dfrac{(\sum X_i^2)(\sum Y_i) - (\sum X_i)(\sum X_i Y_i)}{D}$

$\quad B = \dfrac{n(\sum X_i Y_i) - (\sum X_i)(\sum Y_i)}{D}$ (44)

上式の分母　　　$D = n \sum X_i^2 - (\sum X_i)^2$

この A, B が求める物理量の**最良推定値**である．

図 2.9 最小 2 乗法による直線の当てはめ

多数の現象がこのような実験値の組で表される．(X, Y) 型のデータを得たら，まずグラフ用紙にプロットしよう．

　上の方法は，手許の測定値から得られる限りで，A, B の不確かさを最小にする方法になっている．詳細は省くが，A, B の不確かさ σ_A, σ_B は次の式で推定できる．

標準偏差
$$s = \sqrt{\frac{\sum \delta_i^2}{n-2}} \tag{45}$$

A の不確かさ
$$\sigma_A = s\sqrt{\frac{\sum X_i^2}{D}} \tag{46}$$

B の不確かさ
$$\sigma_B = s\sqrt{\frac{n}{D}} \tag{47}$$

平均値の場合は $s = \sqrt{\dfrac{\sum \delta_i^2}{n-1}}$

　ここで，式 (45) の s は，残差 $\delta_i = Y_i - (A + BX_i)$ とデータ点の個数 n から計算される標準偏差である．分子の $\sum \delta_i^2$ は最小化された L の値である．分母が $n-2$ であるのは，最小化のために 2 つの変数 A, B を使うことによる．最小化されているので，$n-2$ で割るのが適切である．式 (46) と式 (47) は不確かさの伝播則から得られる．このとき横軸の X_i は指定された値で不確かさはないとする．

$L = \Sigma \delta_i^2$ の自由度が $n-2$ になっている．

　プロットされた測定値の点列が直線からずれていると，s の値は大きくなり，同時に σ_A, σ_B も大きくなる．本書の実験テーマでは直線から大きくずれることはないと期待されている．データ点列の並び方をみて，直線の当てはめが適切であるか否かにも注意しよう．

　実際の計算では，表を使って途中の残差計算などをチェックしやすい形で行う．できればエクセルなどの表計算プログラムを利用しよう．

例題 3　テーマ 7 の音波の実験のレポートにあったデータを使う．音波の数 X（$\frac{1}{4}$ 波長を単位とするので，奇整数のみになる）と対応する長さ $Y\,[\mathrm{cm}]$ の関係を調べたところ，下表の左 3 列の結果が得られた．これらの測定値をグラフにプロットすると，図 2.10 のようになる．これらの測定点に直線 $Y = A + BX$ を当てはめるとする．変数 X, Y と定数 A, B の意味を図 2.11 に示す．最小 2 乗法を使って $A\,[\mathrm{cm}]$ と $B\,[\mathrm{cm}]$ を定めよ．

　表を右側に拡張して，まず，X_i^2, X_iY_i やそれらの合計の計算を定義通りに行う．次に，連立方程式を解いて A と B を定める．さらに，その A と B を使っ

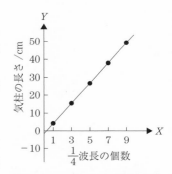

図 2.10　X と Y の関係を示すグラフ　計算にかかる前に目でみて最適と思える直線をひいて A, B を決めてみることを勧める．

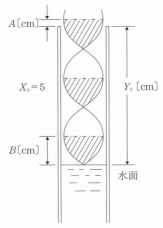

図 2.11　X, Y と A, B の意味　$\frac{1}{4}$ 波長 5 個分の場合

表　最小 2 乗法の計算例　1/4 波長の個数 X とその長さ $Y\,[\mathrm{cm}]$

番号 i	波の数 X_i	長さ Y_i /cm	X_i^2	X_iY_i /cm	計算値 $A+BX_i$ /cm	残差 δ_i /cm	残差^2 δ_i^2 /cm^2
1	1	4.0	1	4.0	4.10	−0.10	0.0100
2	3	15.5	9	46.5	15.31	0.19	0.0361
3	5	26.4	25	132.0	26.52	−0.12	0.0144
4	7	37.8	49	264.6	37.73	0.07	0.0049
5	9	48.9	81	440.1	48.94	−0.04	0.0016
計	25	132.6	165	887.2	132.60	0.00	0.0670

て表の右3列の $A + BX_i$ や δ_i などの計算を行う.

行列式で書くと

$$\begin{pmatrix} 5 & 25 \\ 25 & 165 \end{pmatrix} \begin{pmatrix} A \\ B \end{pmatrix} = \begin{pmatrix} 132.6 \\ 887.2 \end{pmatrix}$$

$D = 5 \times 165 - 25^2 = 200$

$$\begin{pmatrix} A \\ B \end{pmatrix} = \frac{1}{200} \begin{pmatrix} 165 & -25 \\ -25 & 5 \end{pmatrix} \begin{pmatrix} 132.6 \\ 887.2 \end{pmatrix}$$

$$= \frac{1}{200} \begin{pmatrix} 165 \times 132.6 - 25 \times 887.2 \\ -25 \times 132.6 + 5 \times 887.2 \end{pmatrix}$$

$$= \begin{pmatrix} -1.505 \\ 5.605 \end{pmatrix}$$

A と B の連立方程式　$5A + 25B = 132.6$

$25A + 165B = 887.2$

A と B の解　$D = 5 \times 165 - 25^2 = 200$

$A = \dfrac{1}{200}(165 \times 132.6 - 25 \times 887.2) = -1.505 \,\text{cm}$

$B = \dfrac{1}{200}(5 \times 887.2 - 25 \times 132.6) = 5.605 \,\text{cm}$

X と Y の関係　$Y = -1.505 + 5.605X \,[\text{cm}]$

標準偏差の推定値　$s = \sqrt{\dfrac{0.0670}{3}} = 0.149 \,\text{cm}$

A と B の不確かさ　$\sigma_A = 0.149 \times \sqrt{\dfrac{165}{200}} = 0.135 \,\text{cm}$

$\sigma_B = 0.149 \times \sqrt{\dfrac{5}{200}} = 0.0236 \,\text{cm}$

以上より　$A = -1.51 \pm 0.14 \,\text{cm}$

$B = 5.61 \pm 0.02 \,\text{cm}$　　//

計算上の留意事項

　最小2乗法の計算は表の数値の桁数をルール2〜4の指示よりも1, 2桁多くとって行うのがよい. これを省略しすぎると桁不足による間違いが起こることがある. 大きな数どうしの差で小さな数が残る場合に注意が必要である. 例題3の表の計算例では, 計算値 $A + BX_i$ や残差 δ_i の値を Y_i の有効桁よりも1桁下まで示してある. 有効桁より多くとるときは, 四捨五入しないこと.

練習問題

2.11 ある抵抗を流れる電流 $X \,[\text{mA}]$ と抵抗の両端の電圧 $Y \,[\text{V}]$ の関係を調べて下表の値が得られた.

(1) データをグラフに描き, すべての点のなるべく近くを通る直線をひけ. 直線上の離れた2点の座標を読み取って傾き B を求めよ. また, y 軸を通過する座標から y 切片の値 A を求めよ.

(2) X と Y の間に $Y = A + BX$ の関係があるとして, 最小2乗法を使って A, B とその不確かさ σ_A, σ_B を定めよ. また, $Y = A + BX$ の直線を (1) のグラフに記入して, (1) の直線と比較せよ.

番号 i	電流 $X \,/\text{mA}$	電圧 $Y \,/\text{V}$
1	12	1.4
2	24	2.9
3	35	4.4
4	47	5.8

2-9 重みつき平均 †

真値 X_0 の物理量を求める**独立な実験**を 2 回行なったとする．それぞれの実験のデータ処理を終えて，結果 $X_0 = X_1 \pm \sigma_1$ および $X_0 = X_2 \pm \sigma_2$ を得たとする．この 2 つから新しい平均値 $\overline{X}$ とその不確かさ σ_{12} を定める方法を考えよう．不確かさ σ_1 と σ_2 の大きさが同程度のときは普通に単純平均と平均値の不確かさを計算すればよい．不確かさ σ_1 と σ_2 がかなり違うとき（例えば 2 倍くらい違うとき），$\overline{X}$ は X_1, X_2 のうち不確かさが小さい方に近い値をとるのが妥当であろう．また，独立な 2 回の実験の結果だから，σ_{12} は σ_1, σ_2 より小さくなるのが妥当であろう．このような期待に合う平均値の計算法を考えよう．

X_1 と X_2 は次の**正規分布母集団から得られた標本**であるとみなす．

$$f(X_1)f(X_2) = c\, e^{-\frac{(X_1-X_0)^2}{2\sigma_1^2}} \cdot e^{-\frac{(X_2-X_0)^2}{2\sigma_2^2}} = c\, e^{-L} \tag{48}$$

$$\text{指数}\quad L = \frac{(X_1-X_0)^2}{2\sigma_1^2} + \frac{(X_2-X_0)^2}{2\sigma_2^2} \tag{49}$$

今は，X_1, σ_1, X_2, σ_2 の数値は確定している．L の式では X_0 だけを未定の変数とみなせる．最小 2 乗法を使うとし，**L を最小にする X_0** を求める．これを X_0 の最良推定値 $\overline{X}$ とみなす．

$$\text{最小化の条件}\quad -\frac{\mathrm{d}L}{\mathrm{d}X_0} = \frac{X_1-X_0}{\sigma_1^2} + \frac{X_2-X_0}{\sigma_2^2} = 0$$

$$\therefore\quad \text{真値 } X_0 \text{を推定する式}\quad X_0 = \frac{\frac{1}{\sigma_1^2}X_1 + \frac{1}{\sigma_2^2}X_2}{\frac{1}{\sigma_1^2} + \frac{1}{\sigma_2^2}} = \overline{X} \tag{50}$$

この式は不確かさの 2 乗の逆数 $\frac{1}{\sigma_1^2}$ と $\frac{1}{\sigma_2^2}$ を重みとする**重み付き平均**を表す式である．不確かさ σ_{12} は 7 節の不確かさの伝播則で求める．

$$\text{合成された不確かさ}\quad \sigma_{12} = \frac{1}{\sqrt{\frac{1}{\sigma_1^2} + \frac{1}{\sigma_2^2}}} \tag{51}$$

この σ_{12} を使うと $\overline{X}$ は次のように見やすく表せる．

$$\text{最良推定値}\quad X_0 = \overline{X} = \left(\frac{\sigma_{12}}{\sigma_1}\right)^2 X_1 + \left(\frac{\sigma_{12}}{\sigma_2}\right)^2 X_2 \tag{52}$$

例題 4 同じ実験を繰り返して，$X_1 \pm \sigma_1 = 100 \pm 10$，および $X_2 \pm \sigma_2 = 110 \pm 5$ の 2 通りの結果を得た．重み付き平均による最良推定値を求めよ．

$$\text{合成された不確かさ}\quad \sigma_{12} = \frac{1}{\sqrt{\frac{1}{10^2} + \frac{1}{5^2}}} = \sqrt{20} = 4.47$$

$$\text{最良推定値}\quad \overline{X} = \left(\frac{\sqrt{20}}{10}\right)^2 \times 100 + \left(\frac{\sqrt{20}}{5}\right)^2 \times 110 = 108$$

$$\text{結果}\quad X_0 = 108 \pm 4$$

$$\text{参考 単純平均では}\quad X_0 = 105 \pm 5 \quad //$$

[母集団と標本]

母集団：ある測定法で現れ得るあらゆる測定値の集まり

標本：その集まりから 1 回の測定で実際に現れた測定値

これらは統計論の考え方に従う．ここでは母集団は正規分布とする．

[重み付き平均]

一般には，X_1 の重みを w_1，X_2 の重みを w_2 として，

$$\overline{X} = \frac{w_1 X_1 + w_2 X_2}{w_1 + w_2}$$

で定義される．

2–10　不確かさの伝播則の由来 †

直接測定で定めた物理量 $X \pm \sigma_X$, $Y \pm \sigma_Y$, $Z \pm \sigma_Z$, $\cdots$ を使って，別の新しい物理量 $u = F(X, Y, Z, \cdots)$ を求めた場合の u の合成標準不確かさ σ_u は 7 節の不確かさの伝播則

$$\sigma_u = \sqrt{\left(\frac{\partial u}{\partial X}\sigma_X\right)^2 + \left(\frac{\partial u}{\partial Y}\sigma_Y\right)^2 + \left(\frac{\partial u}{\partial Z}\sigma_Z\right)^2 + \cdots} \tag{38}$$

で計算できる．7 節では式の使い方（2 乗和の平方根）を数値例で説明し，基礎とする確率の考え方は定性的な説得にとどめた．この節では，式 (38) の由来を正規分布をもとに説明する．

X と Y の母集団分布

物理量 X は母平均 X_0 で母標準偏差 σ_X の正規分布母集団からランダムに取り出されるひとつの標本であるとする．同様に，物理量 Y は母平均 Y_0 で母標準偏差 σ_Y の別の正規分布母集団からのひとつの標本であるとする．2 つの物理量の母集団は 2 つのガウス関数の積で表される．これを**同時分布**と呼ぼう．

X, Y の同時分布

$$f(X; X_0, \sigma_X)f(Y; Y_0, \sigma_Y)\mathrm{d}X\mathrm{d}Y = \frac{1}{2\pi\sigma_X\sigma_Y}e^{-L}\mathrm{d}X\mathrm{d}Y \tag{53}$$

指数　　$L = \dfrac{(X-X_0)^2}{2\sigma_X^2} + \dfrac{(Y-Y_0)^2}{2\sigma_Y^2}$ $\tag{54}$

物理量 X, Y の測定値はこの分布から取り出される同時標本である．

$u = X + Y$ の母集団分布への変換

はじめに，和 $u = X + Y$ について，u の母集団を表す関数を求める．この u は 7 節の最初の数値例に挙げた．X と Y は同じ次元の物理量である．

このために，式 (53) の変数を X, Y から次の新しい変数 u, v に書き直す．

目的の変数　　　　　　$u = X + Y$ $\tag{55}$

u とは独立な変数　　$v = \dfrac{\sigma_Y}{\sigma_X}X - \dfrac{\sigma_X}{\sigma_Y}Y$ $\tag{56}$

これらは結果を見越した**1 次変換**である．この変換式で，X, Y を X_0, Y_0 で置き換えた式を u, v の母平均 u_0, v_0 を表す式とする．計算の中心は X, Y の**同時分布**を u, v の**同時分布**に書き直すことである．計算の詳細は省く．変換の結果は式 (53) の右辺に

指数　　　　$L = \dfrac{(u-u_0)^2 + (v-v_0)^2}{2(\sigma_X^2 + \sigma_Y^2)}$ $\tag{57}$

微小要素　　$\mathrm{d}X\mathrm{d}Y = \left|\dfrac{\partial(X,Y)}{\partial(u,v)}\right|\mathrm{d}u\mathrm{d}v = \dfrac{\sigma_X\sigma_Y}{\sigma_X^2 + \sigma_Y^2}\mathrm{d}u\mathrm{d}v$ $\tag{58}$

[正規分布の確率密度関数の表示]

ここでは，便宜のため，改めてガウス関数の母平均 m，母標準偏差 σ を関数記号内に示す形を使う．

$$f(X; m, \sigma) = \frac{1}{\sqrt{2\pi}\sigma}e^{-\frac{(X-m)^2}{2\sigma^2}}$$

測定値が X から $X + \mathrm{d}X$ の間に現れる確率が $f(X; m, \sigma)\mathrm{d}X$ で表される．$\mathrm{d}X$ は微小量である．

$u_0 = X_0 + Y_0$

$v_0 = \dfrac{\sigma_Y}{\sigma_X}X_0 - \dfrac{\sigma_X}{\sigma_Y}Y_0$

検算のためには，式 (57) に式 (55)，(56) を代入する方が容易である．式 (54) が出る．

$\left|\dfrac{\partial(X,Y)}{\partial(u,v)}\right| = \left|\dfrac{\partial X}{\partial u}\dfrac{\partial Y}{\partial v} - \dfrac{\partial X}{\partial v}\dfrac{\partial Y}{\partial u}\right|$

この式はヤコビの行列式と呼ばれ，一般に，微小要素の変換のときにいつでも使われる．

を代入した形になる. 結果をみると, u, v の同時分布は再び **2 つの正規分布**の積になっていることがわかる.

u, v の同時分布

$$f(u; u_0, \sigma_u) f(v; v_0, \sigma_v) \mathrm{d}u \mathrm{d}v = \frac{1}{2\pi\sigma_u\sigma_v} e^{-L} \mathrm{d}u \mathrm{d}v \quad (59)$$

u, v の母標準偏差 $\sigma_u = \sigma_v = \sqrt{\sigma_X^2 + \sigma_Y^2}$ (60)

2 つの異なる正規分布標本の和 $u = X + Y$ は新しい正規分布の変数になっていることがわかる. 新しい母標準偏差は σ_X と σ_Y の 2 乗和の平方根である.

上の書き直し計算で, 変数 X, Y や定数 $X_0, Y_0, \sigma_X, \sigma_Y$ の大きさにとくに制限はない. 他方の変数 v は同時分布式で計算の見通しをよくするための補助的な変数にすぎない. 以後は u だけの話とする. この場合が以下の基本となる.

$u = aX + bY$ の母集団分布と標準偏差

次に, u が X, Y の **1 次関数**の場合を考えよう. a, b を任意の定数として

X, Y の 1 次関数 $u = aX + bY$ (61)

X と Y は次元の異なる物理量でもよいが, aX と bY は同じ次元の物理量である.

の u の分布を考える. X の母集団が正規分布であれば, aX の母集団も正規分布である. その母平均は aX_0, 母標準偏差は $|a|\sigma_X$ である. Y と bY についても同様のことがいえる. したがって, それらの和 $u = aX + bY$ の母集団はやはり**新しい正規分布**で表される. この場合の u の正規分布の母平均と母標準偏差は次の形になる.

u の母平均 $u_0 = aX_0 + bY_0$ (62)

u の母標準偏差 $\sigma_u = \sqrt{(a\sigma_X)^2 + (b\sigma_Y)^2}$ (63)

ここまでは厳密に進められた話である.

$u = F(X, Y)$ の母集団分布と標準偏差

次に, u が X, Y の任意の関数 $u = F(X, Y)$ の場合を考えよう. ここで, 関数を母平均 (X_0, Y_0) の付近で**テイラー展開して, 1 次の項**までの近似をとる.

任意の関数で $u \fallingdotseq F(X_0, Y_0) + \dfrac{\partial F}{\partial X}(X - X_0) + \dfrac{\partial F}{\partial Y}(Y - Y_0)$ (64)

ここで, $F(X_0, Y_0)$ は u の母平均である. $\frac{\partial F}{\partial X}$ と $\frac{\partial F}{\partial Y}$ は (偏導関数に X_0, Y_0 を代入した) 定数である. 実験データでは, $X - X_0$ と $Y - Y_0$ の変動範囲は不確かさ程度の狭い区間に限られる. この範囲で, 式 (64) は X, Y の 1 次関数として十分近似の良い式であり, 実用上は $\fallingdotseq$ を $=$ としてよい. つまり, この u は式 (61) のタイプの 1 次関数である. したがって, u の分布はやはり**新しい正規分布**となる. この母標準偏差は式 (63) と同形で次の形に書かれる.

u の母標準偏差 $\sigma_u = \sqrt{\left(\dfrac{\partial u}{\partial X}\sigma_X\right)^2 + \left(\dfrac{\partial u}{\partial Y}\sigma_Y\right)^2}$ (65)

$u = F(X, Y, Z, \cdots)$ の母集団分布と標準偏差

最後に，測定値の数が多い場合を考えよう．上の手続きを踏めば結論はほとんど自明である．2つの変数 X，Y についてすでに合成されている正規分布に第3の変数 Z の正規分布を合成すると新しい正規分布になる．伝播則の式 (38) はこうして得られる正規分布の母標準偏差である．

一様分布を含む場合

伝播則の役割は正規分布の標準偏差相当分の不確かさの**信頼度68%を維持する計算法**を示すことである．関与するすべての測定値が正規分布に従う限り信頼度は変わらない．正規型でない分布に従う測定値が混入すると信頼度が変わることが考えられる．この程度を調べておこう．

もっとも簡単な場合として，正規分布に従う変数 X と一様分布に従う変数 Y の和 $u = X + Y$ が従う**合成分布**について調べよう．測定器具の読み取り限界からくる不確かさは一様分布に従うと想定できる．**代表的な数値例**として，図 2.12 のような母標準偏差が1の正規分布と変数の範囲が $|Y| \leq 1$ の一様分布の場合をとりあげる．X，Y は上の2つの確率分布に従ってランダムに現れるとするとき，ランダムな u の確率分布は3番目のグラフのようになる．計算は数値積分による．それぞれの分布の母標準偏差の範囲内を灰色で示してある．

合成分布は，もとの正規分布に比べて，僅かに幅広で母標準偏差が1.16になる．u がこの母標準偏差の範囲内にくる確率は68%となる．一様分布の母標準偏差の $\frac{1}{\sqrt{3}}$ を使うと，X，Y の母標準偏差どうしの合成値は $\sqrt{1 + \frac{1}{3}} = 1.16$ である．この場合，伝播則の考え方は数値的なずれもなく成り立つことが分かる．

一般に，2つの一様分布どうしの合成分布は左右対称の3角形または台形のグラフで表される．3つの一様分布どうしの合成分布は2次関数をつなぎ合わせた左右対称の山形のグラフで表される．一様分布だけから出発しても，このように**合成分布は正規分布に近づく**性質がある．これらの場合でも，標準偏差相当分の不確かさについては**2乗和の平方根による合成規則**が成り立ち，かつ信頼度（不確かさの範囲内に入る確率）は正規分布どうしの場合の68%とほとんど同じであることが計算によって示される．

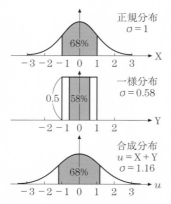

図 2.12 正規分布と一様分布およびそれらの合成分布 灰色部は標準偏差の範囲内を示す．中の数値はその範囲内に測定値が現れる確率である．

図 2.12 の一様分布の母標準偏差は次式で計算される．

$$\sigma = \sqrt{\int_{-1}^{1} \frac{1}{2} X^2 dX} = \frac{1}{\sqrt{3}} \fallingdotseq 0.58$$

GUM では先験的確率分布として三角分布までが例示されている．

一様分布と読み取りの不確かさ

目盛を読み取るタイプの測定には読み取りの不確かさが伴う．この扱いは測定器具ごとの課題である．代表例としてノギスの場合を考えよう．ノギスでは，副尺を使って主尺の 1 mm 目盛の間を 0.05 mm ステップで読み取っている．測定値の誤差は $-0.05 \sim 0.05$ mm の間にある．どこにある確率も同じと想定して，図 2.13 のような一様分布を考える．誤差が $-0.03 \sim 0.03$ mm の間にある確率は60%である．これは図 2.12 の一様分布での確率58%とほぼ同じである．

図 2.12 の合成計算の例および図 2.13 の確率的な見方はノギスの読み取りの不確かさを 0.03 mm としてよいことを示している．一般に，読み取りの不確かさは設定された読み取り限界の60〜70%程度とみてよいであろう．

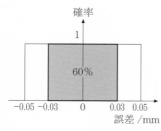

図 2.13 ノギスの読み取り誤差の分布 読み取り限界 = 0.05 mm に対して，読み取りの不確かさ = 0.03 mm とすれば信頼度確率は60%になる．

練習問題の解答

2.1 左端側にあるゼロの並びは大きさを表す役をする．これらは有効数字の桁数には数えない．これに対し，右端側のゼロは有効数字のときがある．ゼロであっても有効数字として必要な桁までを書く．このようすを解答で理解しよう．

(1) 3.25×10^5 (2) 3.25×10^{-4} (3) 3.20×10^5 (4) 3.20×10^{-4}

(5) 5.00×10^{11}

2.2 まず，接頭語を $\times 10^n$ の形に書き換える．これだけで推奨できる表し方になるとは限らない．全体の大きさを分かり易くするために，有効数字の小数点の位置を変えるのがよい．たとえば，

(1) $589.6 \times 10^{-9}\,\text{m} = 5.896 \times 10^{-7}\,\text{m}$ (2) $200 \times 10^{-6}\,\text{g} = 2.00 \times 10^{-4}\,\text{g}$

(3) $1530 \times 10^6\,\text{Hz} = 1.530 \times 10^9\,\text{Hz}$ (4) $150 \times 10^9\,\text{Pa} = 1.50 \times 10^{11}\,\text{Pa}$

2.3 (1) $65.4\,\text{kg}$ (2) $63.0\,\mu\text{m}$ (3) $52.9\,\text{pm}$ (4) $10.0\,\text{MJ}$

2.4 (1) 52 (2) 9.6 (3) 6.0 (4) 1.6735×10^{-27}

2.5 (1) 3321 ± 4 (2) $(3.24 \pm 0.02) \times 10^{-6}$ (3) $(2.55 \pm 0.03) \times 10^{-4}$

(4) $(6.3 \pm 0.6) \times 10^{-4}$

2.6 (1) 25.76 ± 0.09 (2) 25.76 ± 0.10 (3) 25.76 ± 0.14

(4) 25.8 ± 0.2 (4) はルール 5 のため四捨五入が不適切になる特例である．これらの式は確率的な表現である．ここでは結果を簡潔に表すことを優先する．

2.7

表　周波数の測定値とその散らばりのようす

番号 i	測定値 $f_i\,/\text{Hz}$	残差 $f_i - \overline{f}\,/\text{Hz}$	残差^2 $(f_i - \overline{f})^2\,/\text{Hz}^2$
1	60.4	0.4	0.16
2	59.6	−0.4	0.16
3	60.2	0.2	0.04
4	59.8	−0.2	0.04
合計	240.0	0.0	0.40

平均値　$\overline{f} = \dfrac{240.0}{4} = 60.00\,\text{Hz}$

平均値の不確かさ

$$\sigma_{\overline{f}} = \sqrt{\frac{0.40}{4 \times 3}} = 0.18\,\text{Hz}$$

周波数　$f = 60.0 \pm 0.2\,\text{Hz}$

2.8 (a) 板の面積は $S = 800.0\,\text{mm}^2$ である．ここで，縦の長さのみを不確かさだけ大きくすると面積の変化は $1.6\,\text{mm}^2$，横の長さのみを不確かさ分だけ大きくすると面積の変化は $2.0\,\text{mm}^2$ となることが分かる．2 つの変化を 2 乗和の平方根で合成して，$\sigma_s = \sqrt{1.6^2 + 2.0^2} = 2.6\,\text{mm}^2$，四捨五入して $\sigma_s = 3\,\text{mm}^2$ とする．位どりをそろえると，$S \pm \sigma_s = 800 \pm 3\,\text{mm}^2$ となる．

(b) 縦の長さを $X \pm \sigma_X$, 横の長さを $Y \pm \sigma_Y$ として, 面積は $S = XY$, この全微分は $dS = YdX + XdY$ である. この式で dS, dX, dY を σ_s, σ_X, σ_Y で置き換えて2乗和の平方根の形に書き換えると $\sigma_s = \sqrt{(Y\sigma_X)^2 + (X\sigma_Y)^2}$ を得る. この式に問題の数値を代入すると (a) の数値計算のようになる.

2.9 (1) $du = adX + bdY$ $\qquad \sigma_u = \sqrt{(a\sigma_X)^2 + (b\sigma_Y)^2}$

$a = 1$, $b = 1$ で和, $a = 1$, $b = -1$ で差の場合の式 $\sigma_u = \sqrt{\sigma_X^2 + \sigma_Y^2}$ になる.

(2) $du = mX^{m-1}Y^n dX + nX^m Y^{n-1} dY = u(m\dfrac{dX}{X} + n\dfrac{dY}{Y})$, または

$\log u = m \log X + n \log Y$, $\dfrac{du}{u} = m\dfrac{dX}{X} + n\dfrac{dY}{Y}$, $\sigma_u = u\sqrt{\left(m\dfrac{\sigma_X}{X}\right)^2 + \left(n\dfrac{\sigma_Y}{Y}\right)^2}$

$m = 1$, $n = 1$ で積, $m = 1$, $n = -1$ で商の場合の式 $\dfrac{\sigma_u}{u} = \sqrt{\left(\dfrac{\sigma_X}{X}\right)^2 + \left(\dfrac{\sigma_Y}{Y}\right)^2}$

になる. これらの場合は相対不確かさどうしで「2乗和の平方根」の形になる.

(3) $\log u = \log(X + Y) - \log Z$, $\dfrac{du}{u} = \dfrac{dX + dY}{X + Y} - \dfrac{dZ}{Z}$

$\sigma_u = u\sqrt{\left(\dfrac{\sigma_X}{X + Y}\right)^2 + \left(\dfrac{\sigma_Y}{X + Y}\right)^2 + \left(\dfrac{\sigma_Z}{Z}\right)^2}$

(4) $\log u = \log 3 + \log X + 2\log(2Y + Z)$, $\dfrac{du}{u} = \dfrac{dX}{X} + 2\dfrac{2dY + dZ}{2Y + Z}$

$\sigma_u = u\sqrt{\left(\dfrac{\sigma_X}{X}\right)^2 + \left(\dfrac{4\sigma_Y}{2Y + Z}\right)^2 + \left(\dfrac{2\sigma_Z}{2Y + Z}\right)^2}$

2.10 この場合の標準偏差の期待値 σ_u は誤差^{2}の期待値の平方根である.

①, ②, ③, ④ の各場合の誤差^2 は 49, 1, 1, 49 であり, すべて確率25%なので,

$$\sigma_u = \sqrt{49 \times 0.25 + 1 \times 0.25 + 1 \times 0.25 + 49 \times 0.25} = 5$$

この計算は本文説明を補うものである. 一般に, この考え方で伝播則による計算 $\sigma_u = \sqrt{\sigma_X^2 + \sigma_Y^2}$ と同じ結果を得る.

2.11 (1) 省略

(2)

表　最小2乗法の計算

番号 i	電流 X_i /mA	電圧 Y_i /V	X_i^2 /mA^2	X_iY_i /mAV	計算値 $A + BX_i$ /V	残差 δ_i /V	残差^2 δ_i^2 /V^2
1	12	1.4	144	16.8	1.408	-0.008	0.000064
2	24	2.9	576	69.6	2.928	-0.028	0.000784
3	35	4.4	1225	154.0	4.322	0.078	0.006084
4	47	5.8	2209	272.6	5.842	-0.042	0.001764
計	118	14.5	4154	513.0	14.500	0.000	0.008696

行列式で書くと

$\begin{pmatrix} 4 & 118 \\ 118 & 4154 \end{pmatrix}\begin{pmatrix} A \\ B \end{pmatrix} = \begin{pmatrix} 14.5 \\ 513.0 \end{pmatrix}$

$D = \begin{vmatrix} 4 & 118 \\ 118 & 4154 \end{vmatrix} = 2692$

$\begin{pmatrix} A \\ B \end{pmatrix} = \dfrac{1}{2692}\begin{pmatrix} 4154 & -118 \\ -118 & 4 \end{pmatrix}\begin{pmatrix} 14.5 \\ 513.0 \end{pmatrix}$

$\qquad = \begin{pmatrix} -0.11181 \\ 0.12667 \end{pmatrix}$

A と B の連立方程式　　$4A + 118B = 14.5$

$\qquad\qquad\qquad\qquad 118A + 4154B = 513.0$

A と B の解　　$D = 4 \times 4154 - 118^2 = 2692 \, \mathrm{mA^2}$

$\qquad A = \dfrac{1}{2692}(4154 \times 14.5 - 118 \times 513.0) = -0.11181$

$\qquad B = \dfrac{1}{2692}(-118 \times 14.5 + 4 \times 513.0) = 0.12667$

X と Y の関係　　$Y = -0.11181 + 0.12667X$ [V]

A と B の不確かさ
$$s = \sqrt{\frac{0.008696}{2}} = 0.0659\,\mathrm{V}$$

$$\sigma_A = 0.0659 \times \sqrt{\frac{4154}{2692}} = 0.0819\,\mathrm{V}$$

$$\sigma_B = 0.0659 \times \sqrt{\frac{4}{2692}} = 0.00254\,\mathrm{V/mA}$$

以上より
$$A = -0.11 \pm 0.08\,\mathrm{V}\ (電圧計のゼロ位置のずれ)$$

$$B = 0.127 \pm 0.003\,\mathrm{V/mA} = 127 \pm 3\,\mathrm{V/A}$$

$1\,\mathrm{mA}$ で $0.127\,\mathrm{V}$ なので, $1\,\mathrm{A}$ では $127\,\mathrm{V}$ となる.

$$\therefore \quad R = 127 \pm 3\,\Omega$$

3

基礎的な測定器の使用法

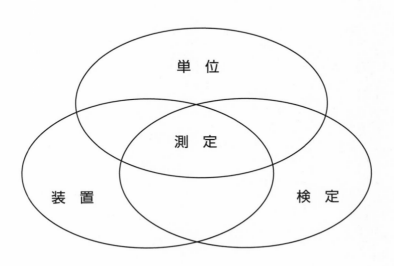

単 位

測 定

装 置

検 定

3–1　長さ測定

試料の長さは，物差し，ノギスまたはマイクロメーターを使って測定する（図3.1）．その順番に測定値の精密さは高くなる．

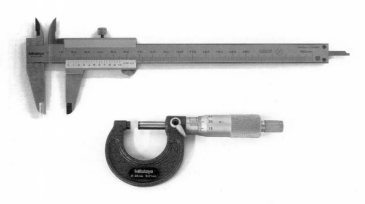

図3.1　物差し（上），ノギス（中），マイクロメーター（下）

A. 物　差　し

物差しを使って試料の長さを測定するとき，測定する位置が目盛の刻線と一致することはほとんどない．一致しないときは，**最小目盛1mmの1/10まで目測する**．したがって，**物差しの読み取りの不確かさは0.1mm**とする．たとえば，図3.2（a）では，試料の右端の位置を真上から見て121.3mmと読み取る．真上から見れば，物差しの目盛の面と試料の面に段差があっても，目盛と測定する位置の間に**視差**が生じない．

表3.1　物差しによって測定した試料の長さ l

a/mm	b/mm	$l = a - b$/mm
47.1	8.0	39.1
59.3	20.3	39.0
74.6	35.5	39.1

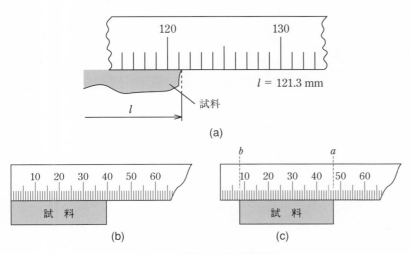

図3.2　物差しによる測定

物差しをあてるとき，図3.2（b）のように試料の一端を物差しの0の目盛と一致させて他端の位置を読み取るのはよくない．図3.2（c）のように物差しのいろんな場所で測定を繰り返して，表3.1のように整理する．試料の長さlの測定値は，試料の右端から読み取った値aと左端から読み取った値bの差$l = a - b$として得る．こうすることによって，物差しの目盛のばらつきによって生じる偏りをさける．

B. ノギス（バーニャキャリパー）

ノギスは図3.1と3.3のような構造をしており，板の厚さ，円柱の高さと外径，管の外径と内径などを測定するときに大変便利である．図3.3（a）では円柱をAC間にはさんで外径を測定しており，（b）ではBとDで管の内側を押して内径を測定している．副尺（バーニャ）を使うことによって，ACやBDの間隔を$1/20 = 0.05\,\mathrm{mm}$の精度で測定することができる．したがって，**ノギスの読み取りの不確かさは0.05mm**とする．

ノギスの場合，0.05mmは読み取りの限界で，かつ不確かさの最大値である．2–10で述べたように，読み取りの不確かさの期待値は0.03mmであるが，本書では簡単のため読み取り限界を読み取りの不確かさとする．

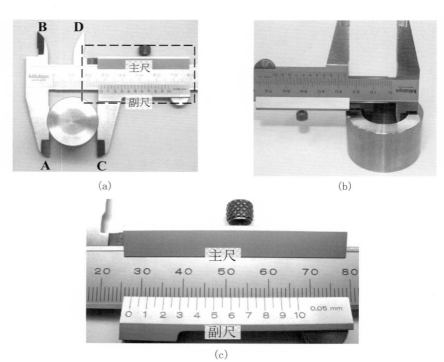

(a)　　　　　　　　　(b)

(c)

図3.3　ノギスによる測定

副尺の使い方を図3.3（c）によって説明する．（c）は（a）の破線の枠内を拡大して示している．まず，副尺の目盛0をはさむ主尺の2つの目盛27mmと28mmのうち，小さい方の27mmを読み取る．つぎに，主尺の目盛と最もよく一致する副尺の目盛7.5を読み取り，それに$1/10$をかけて0.75mmとする．2つの値をたして，円柱の外径$27 + 0.75 = 27.75\,\mathrm{mm}$を得る．

副尺の仕組みを説明しよう．A と C が密着しているとき，副尺の目盛 0 は主尺の目盛 0 mm と一致し，副尺の目盛 10 は主尺の目盛 39 mm と一致する．したがって，副尺の 1 目盛の間隔は $39/20 = 1.95$ mm であり，主尺の 2 目盛の間隔 2 mm より $1/20 = 0.05$ mm 短い．(c) において，主尺の目盛 27 mm と副尺の目盛 0 のずれを x [mm] とすると，副尺の目盛が大きくなるにつれて，副尺と主尺の目盛のずれは x よりも小さくなり，副尺の目盛 7.5 で主尺と一致する．これは，$x =$ (主尺の 2 mm と副尺の 1 目盛の差 0.05 mm) × (副尺の目盛が主尺の目盛と一致するまでの副尺の目盛数) と表される．したがって，$x = 0.05 \times (7.5 \times 2) = 0.75$ mm となり，円柱の外径 $27 + x = 27.75$ mm が得られる．

C. マイクロメーター

マイクロメーターは図 3.4 (a) のような構造をしており，細い針金の外径や薄い板の厚みを精密に測るときに用いる．図のアンビルとスピンドルの間に試料をはさむために，クランプをゆるめ，シンブルを左に回転してスピンドルを後退させる．つぎに，試料を間に入れ，今度はラチェットを右に回転してスピンドルを前進させて試料をはさむ．ラチェットは測定圧つまり試料をはさむ圧力を一定にするためのつまみである．スピンドルが試料に接触すると，ラチェットが軽い音をたてて空転するようになる．この状態でスピンドルの測定圧は一定に保たれており，そのときのスリーブの目盛とシンブルの目盛を読み取る．スリーブの最小目盛は 0.5 mm である．シンブルの目盛は円周を 50 等分しており，1 回転するとスリーブの 1 目盛 0.5 mm だけ進む．したがって，シンブルの最小目盛は 0.01 mm に相当し，**その 1/10 まで目測する**ことによって 0.001 mm まで測定することができる．したがって，**マイクロメーターの読み取りの不確**

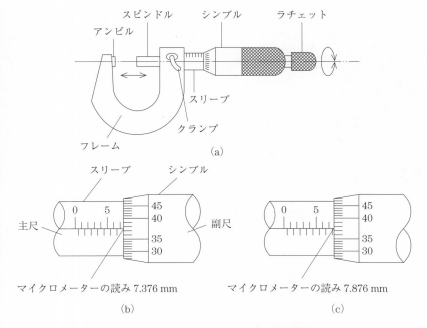

(a)

マイクロメーターの読み 7.376 mm

(b)

マイクロメーターの読み 7.876 mm

(c)

図 3.4 マイクロメーターによる測定

かさは **0.001 mm** とする.

　たとえば,図 3.4(b)の状態でラチェットが空転したときは,7.376 mm と読む.また図 3.4(c)では 7.876 mm と読む.測定の前後にアンビルとスピンドルの間に何もはさまずに密着させたときの目盛を読み取り,それをゼロ点として測定値を補正する.

> **注意**　スピンドルを前進または後退させるときは,必ずクランプを緩めておく.スピンドルを前進させるときは必ずラチェットをつまんで回す.これを守らないと測定値に信頼性はない.しかも,マイクロメーターを破損させる原因になる.スピンドルを後退させるときは,シンブルまたはラチェットを回す.

D.　読み取り望遠鏡

　読み取り望遠鏡を使うことによって,測定物にふれずにその長さを測ることができる.物理学実験では,図 3.5 に示した 2 種類の望遠鏡を使う.(a)はスケールつきの望遠鏡であり,光学てこと組み合わせて実験テーマ 11 で使う.金属棒の熱膨張による微小な長さの変化を光学てこの微小な角度変化に変え,光てこの鏡にうつるスケールの目盛の変化を望遠鏡で読み取る.(b)はカセトメーターという.実験テーマ 19 で電子ビームが真空管球内に作る円軌道の直径を測定するときに使う.鏡筒がスライドする面を水準器で水平にし,スライド方向と電子ビームの円軌道面を平行にする.円軌道の上端と下端の位置の差から直径を得る.位置は副尺を使って 0.01 mm まで読み取ることができる.したがって,カセトメーターの読み取りの不確かさは 0.01 mm とする.

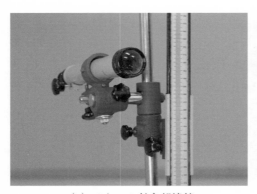

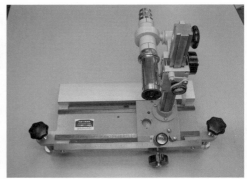

(a) スケール付き望遠鏡　　　　　　　　(b) カセトメーター

図 3.5　読み取り望遠鏡

練習問題

3.1 次のノギスの目盛りを □□. □□mm まで読み取れ.

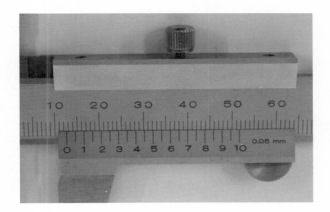

3.2 次のマイクロメータの目盛りを □. □□□mm まで読み取れ.

(1)

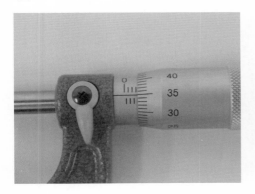

(2)

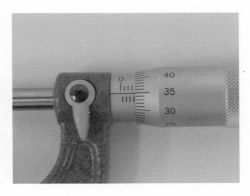

(3)

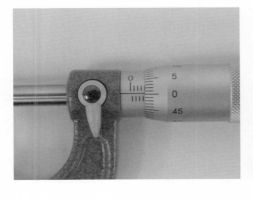

(4)

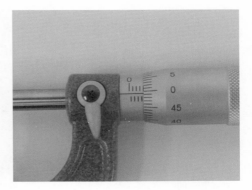

3.3 手持ちの物差しの厚みをノギスとマイクロメーターを用いて測定し測定値を
比較せよ.

3-2　質量測定

試料の質量は，上皿天秤，電子天秤，台ばかりを使って測定する．それぞれがもつ測定値の上限と感度に注意して，どれを使うか判断する.* いずれも除振台などの上に水平に置いて使用する．どの場合も読み取り限界を読み取りの不確かさとする．

*測定値の上限は秤量限度，感度は秤量感度と呼ばれる.

A.　上皿天秤

上皿天秤（図 3.6（a））では，試料の質量を，試料に作用する重力のモーメントに質量が分かった分銅に作用する重力のモーメントをつり合わせることによって測定する．測定値が重力の大きさに影響されない最も基本的な測定器具である．実験テーマ 1 で使う．

測定に適した範囲と感度が異なる 3 種類の上皿天秤が用意されている（表 3.2）．皿の上に何も載せない状態で，支点を通る指針が中央の目盛線を中心にして振れるように左右のねじを調節する．分銅は付属のピンセットでつまんで移動する．

表 3.2　上皿天秤の測定範囲と感度

種類	測定範囲/g	感度/mg
1	1 – 100	100
2	2 – 200	200
3	10 – 500	500

B.　電子天秤

電子天秤（図 3.6（b））では，試料に作用する重力に電磁石によって発生させた磁力をつり合わせ，それを質量に換算してデジタル表示している．構造が比較的簡単で故障が少なく，他の天秤に比べて感度がすぐれている．また，操作が簡単で，測定にかかる時間が短い．電子天秤は多くのテーマで使用する．

試料を載せないときの表示値を，試料を載せたときの表示値から差し引くこと．**電子天秤の感度は 1 mg** なので，試料の載せおろしをていねいにする．**上限は 400 g** であり，それをこえる試料は台ばかりで測定する．

C.　台ばかり

台ばかり（図 3.6（c））では，試料に作用する重力につり合うばねの弾性力を質量に換算してアナログ式に表示している．

実験室に用意されている台ばかりの測定に適した範囲は 400 g～10 kg，最小目盛は 20 g である．使用する前に 500 g の分銅を台に載せ，本体上部のねじを回して指針を 500 g の目盛に合わせておく．

（a）上皿天秤

（b）電子天秤

（c）台ばかり

図 3.6　質量測定器

3–3 時間測定

A. ストップウォッチ

ストップウォッチ（図 3.7 (a)）は時間変化する現象の時間間隔を測定するときに用いる．通常，0.01 s の精度で読み取ることができる．したがって読み取りの不確かさを 0.01 s とする．

平均値の不確かさを小さくしたいときは測定を繰り返す．実験テーマ 3 と 5 の振り子の周期の測定では，多数回の繰り返し測定が有効である．

B. 腕時計

時間間隔が長く，精度が 1 s の測定には腕時計（図 3.7 (b)）を用いる．

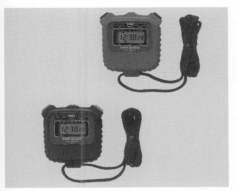

(a) ストップウォッチ   (b) 腕時計

図 3.7 時間測定器

3-4   気圧測定

A.   気圧計（フォルタン型水銀気圧計）

フォルタン型水銀気圧計を用いて，気圧を精密に測定する．図 3.8 (a)，(c) のフォルタン型水銀気圧計は，一端を封じた長さ約 1 m のガラス管に水銀を満たして，図 3.8 (b) のように水銀槽の中に倒立させたものである．大気圧とガラス管の水銀柱に作用する重力による圧力が，水銀槽の液面でつり合うことを利用して，大気圧を測定する．

測 定 法

① 気圧計を壁にかけて鉛直にする．そのために，図 3.8 (c)，(d) に示したかけ板の下部の環についている 3 本のネジ Q を一度ゆるめて気圧計を鉛直にする．次にそのネジを交互にしめて固定する．

② 水銀槽の下端についているネジ S（図 3.8 (d)）を静かに回して槽内の水銀面を上下させ，水銀面を象牙針 A の先端に合わせる．

③ 水銀槽の水銀面と水銀柱の上端の水銀面の付近を指で軽くはじいてメニスカス（管壁からの水銀表面のふくらみ）の形を直し，再び②の操作を行って，今度は A の先端を水銀面に正確に一致させる．

④ 図 3.8 (e) のネジ P を回して副尺 V を動かし，その下端を水銀柱のメニスカスの頂上 B に一致させる．そのときに左側の主尺 L と副尺 V が指す値が大気圧［hPa］である．* その精度は 0.1 hPa である．副尺の読み取り方はノギスと同じなので 3–1 B を参照すること．さらに正確な測定が必要なときは，温度補正，重力補正などを行うが本実験ではそれらを省略する．

*1 mbar = 1 hPa
*1 Pa = 1 N/m^2

気圧（atm）と hPa

水銀柱の高さがちょうど 760 mm のときの気圧を 760 mmHg と表し，それを 1 気圧または 1 atm という．1 atm を hPa で表すと，1 atm = 1013.25 hPa である．この値は次の計算で求められる．

水銀の 0 °C での密度 13.5951 g/cm^3 と標準の重力加速度 9.80665 m/s^2 を使い，水銀柱の高さ 0.76 m を定数のようにあつかう．

$$1\,\text{atm} = 0.76 \times 13.5951 \times 10^3 \times 9.80665$$
$$= 101325\,\text{Pa}$$
$$= 1013.25\,\text{hPa}.$$

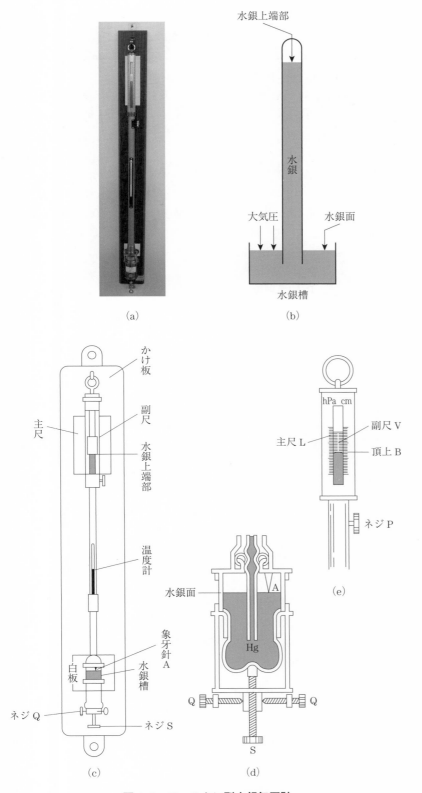

水銀上端部

大気圧　水銀面

水銀

水銀槽

(a)　(b)

かけ板

副尺

主尺

水銀上端部

温度計

象牙針 A

白板　水銀槽

ネジ Q　ネジ S

(c)

水銀面

Hg

Q　Q

S

(d)

hPa cm

主尺 L　副尺 V

頂上 B

ネジ P

A

(e)

図 3.8　フォルタン型水銀気圧計

3–5　温度・湿度測定

A.　温度計（アルコール温度計）

　温度は物質を構成する原子の熱運動の激しさを表す重要な物理量である．温度が高いほど熱運動は激しい．セルシウス温度 t [°C] は絶対温度 T [K] と $T_0 = 273.15$ K の差に等しく，$t = T - T_0$ と約束している．T_0 は，水と氷と水蒸気が共存する 3 重点よりも 0.01 K 低い．

　これから行うほとんどの実験の温度範囲は 0〜100 °C であるので，アルコール温度計を使用する．アルコール温度計はアルコールの熱膨張を利用している．温度計の指示目盛は普通 1 °C 刻みである．**最小目盛の 1/10 を目測して 0.1 °C まで読み取る**．したがって，温度計の読み取りの不確かさは 0.1 °C とする．温度計が試料の温度を正確に指すまで時間がかかることに注意する．

B.　湿度計（乾湿球湿度計）

　空気に含まれる水蒸気の質量には上限があり，それを越えると露ができる．その上限値は飽和水蒸気の質量とよばれ，温度上昇とともに増加する．ある温度で空気 1 m³ に含まれる水蒸気の質量の飽和水蒸気の質量に対する比を相対湿度 [%] という．それを乾湿球湿度計によって測定して毎回レポートの表紙に記入する．乾湿球湿度計は，図 3.9 のように，2 本の同型の温度計からなり，一方を乾球温度計 T，他方を湿球温度計 T′ として使用する．湿球は水にぬれたガーゼでおおわれており，水が蒸発するときに熱が奪われる．そのため，空気が乾燥していればいるほど，T′ が指す温度 t' [°C] の方が，T が指す温度 t [°C] よりも低い．この現象を利用して，大気の相対湿度を測定する．通常は，次の測定法 1 によって t と t' を測定し，表 3.3 湿度表から相対湿度を読み取る．

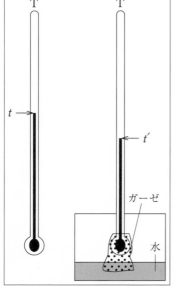

図 3.9　乾湿球湿度計

原理

　ある温度で空気 1 m³ 中に飽和する水蒸気の質量を m [g]，現在含まれている水蒸気の質量を m' [g] として，

$$F = \frac{m'}{m} \times 100 \ [\%] \tag{1}$$

を相対湿度という．常温では m と m' は非常に小さいので，測定場所の温度での飽和水蒸気圧を P，現在の水蒸気の分圧を p，体積を 1 m³ とすると，ボイル・シャルルの法則 $\frac{m'}{m} = \frac{p}{P}$ が成り立ち，F は

$$F = \frac{p}{P} \times 100 \ [\%] \tag{2}$$

と表される．

　図 3.9 の乾球温度計 T が t [°C] を指し，湿球温度計 T′ が t' [°C] を指すとき，水蒸気の分圧が低ければ低いほど，すなわち，乾燥していればいるほど $t - t'$ は大きくなる．したがって，そのときの気圧を B [mmHg]，水蒸気の分圧を p [mmHg]，t' における水の飽和水蒸気圧を p' [mmHg] とすると，

表 3.3　湿度表 [%]

乾球温度計の示度 t /°C		乾球温度計と湿球温度計の示度の差 $t - t'$ /°C																				
		0	0.5	1	1.5	2	2.5	3	3.5	4	4.5	5	5.5	6	6.5	7	7.5	8	8.5	9	9.5	10
	35	100	97	93	90	87	83	80	77	74	71	68	65	63	60	57	54	52	49	47	44	42
	34	100	96	93	90	86	83	80	77	74	71	68	65	62	59	56	54	51	48	46	43	41
	33	100	96	93	89	86	83	80	76	73	70	67	64	61	58	56	53	50	47	45	42	40
	32	100	96	93	89	86	82	79	76	73	70	66	63	60	58	55	52	49	46	44	41	39
	31	100	96	93	89	86	82	79	75	72	69	66	63	60	57	54	51	48	45	43	40	37
	30	100	96	92	89	85	82	78	75	72	68	65	62	59	56	53	50	47	44	41	39	36
	29	100	96	92	89	85	81	78	74	71	68	64	61	58	55	52	49	46	43	40	37	35
	28	100	96	92	88	85	81	77	74	70	67	64	60	57	54	51	48	45	42	39	36	33
	27	100	96	92	88	84	81	77	73	70	66	63	59	56	53	50	47	43	40	37	35	32
	26	100	96	92	88	84	80	76	73	69	65	62	58	55	52	48	45	42	39	36	33	30
乾球温度計の示度 t /°C	25	100	96	92	88	84	80	76	72	68	65	61	57	54	51	47	44	41	37	34	31	28
	24	100	96	91	87	83	79	75	71	67	64	60	56	53	49	46	43	39	36	33	30	26
	23	100	96	91	87	83	79	75	71	67	63	59	55	52	48	45	41	38	34	31	28	24
	22	100	95	91	87	82	78	74	70	66	62	58	54	50	47	43	39	36	32	29	26	22
	21	100	95	91	86	82	77	73	69	65	61	57	53	49	45	41	38	34	31	27	24	20
	20	100	95	91	86	81	77	72	68	64	60	56	52	48	44	40	36	32	29	25	21	18
	19	100	95	90	85	81	76	72	67	63	59	54	50	46	42	38	34	30	26	23	19	15
	18	100	95	90	85	80	75	71	66	62	57	53	49	44	40	36	32	28	24	20	16	13
	17	100	95	90	85	80	75	70	65	61	56	51	47	43	38	34	30	26	22	18	14	10
	16	100	95	89	84	79	74	69	64	59	55	50	45	41	36	32	28	23	19	15	11	7
	15	100	94	89	84	78	73	68	63	58	53	48	43	39	34	30	25	21	16	12	8	4
	14	100	94	89	83	78	72	67	62	57	51	46	41	37	32	27	22	18	13	9	5	
	13	100	94	88	82	77	71	66	60	55	50	45	39	34	29	25	20	15	10	6	1	
	12	100	94	88	82	76	70	64	59	53	48	43	37	32	27	22	17	12	7	2		
	11	100	94	87	81	75	69	63	57	52	46	40	35	29	24	19	13	8	3			
	10	100	93	87	80	74	68	62	56	50	44	38	32	27	21	15	10	5				
	9	100	93	86	80	73	67	60	54	48	42	36	30	24	18	12	6	1				
	8	100	93	86	79	72	65	59	52	46	39	33	27	20	14	8	2					
	7	100	93	85	78	71	64	57	50	43	37	30	23	17	11	4						
	6	100	92	85	77	70	62	55	48	41	34	27	20	13	7							
	5	100	92	84	76	68	61	53	46	38	31	24	16	9	2							
	4	100	92	83	75	67	59	51	43	35	28	20	12	5								
	3	100	91	82	74	65	57	49	40	32	24	16	8	1								
	2	100	91	82	72	64	55	46	37	29	20	12	4									
	1	100	90	81	71	62	52	43	34	25	16	7										
	0	100	90	80	70	60	50	40	31	21	12	3										
	−1	100	89	79	68	58	47	37	27	17	7											
	−2	100	89	78	66	55	45	34	23	13	2											
	−3	100	88	76	64	53	41	30	19	8												
	−4	100	87	75	63	50	38	26	14	2												
	−5	100	87	74	60	48	34	22	9													

$$\frac{p' - p}{B} = C(t - t') \tag{3}$$

の関係が成り立つ．ここで，C は湿度計の周囲の空気の流動状態によって決まる定数である．実験室で測定するときは $C = 9 \times 10^{-4}$ を用いる．したがって，（2）式の相対湿度 F は，

$$F = \frac{p' - 9 \times 10^{-4}(t - t')B}{P} \times 100 \tag{4}$$

と表される．

測 定 法 1

① 乾球温度計の示度 t [°C] と湿球温度計の示度 t' [°C] を 0.5 °C まで読み取る．
② $t - t'$ と t できまる（4）式の相対湿度 [%] を表3.3の湿度表から読み取る．ただし，$B = 760\,\mathrm{mmHg}$ と固定してある．

測 定 法 2

① 乾球温度計の示度 t [°C] と湿球温度計の示度 t' [°C] を 0.1 °C の精度で読みとる．
② 温度 t [°C] での飽和水蒸気圧 P [mmHg] と t' [°C] での飽和水蒸気圧 p' [mmHg] を表3.4から読み取る．
③ 気圧計で現在の気圧 B [mmHg] を読み取る．
④ （4）式を用いて相対湿度 F [%] を計算する．

表 3.4　飽和水蒸気圧 [mmHg]

温度/°C	0	1	2	3	4	5	6	7	8	9
0	4.58	4.93	5.29	5.68	6.09	6.54	7.01	7.51	8.04	8.60
10	9.21	9.83	10.52	11.23	11.99	12.79	13.63	14.53	15.48	16.48
20	17.54	18.65	19.83	21.07	22.38	23.76	25.21	26.74	28.35	30.04
30	31.82	33.70	35.66	37.75	39.90	42.18	44.56	47.07	49.69	52.44
40	55.32	58.34	61.50	64.80	68.26	71.88	75.65	79.60	83.71	88.02
50	92.50	97.20	102.1	107.2	112.5	118.0	123.8	129.8	136.1	142.6

練習問題

3.4 次の乾湿球温度計および気圧計から，気温，湿度，気圧を求めよ．ここで，
1 mb (mbar) ＝ 1 hPa である．

乾湿球温度計   気圧計

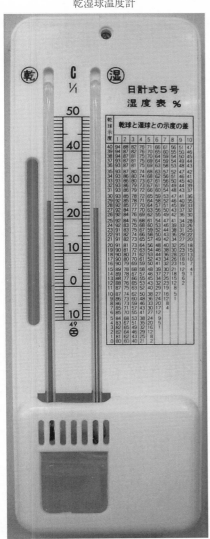

3-6 電気測定

一般的注意

　配線を間違えたまま電源のスイッチを入れると，計測器を破損させることがある．それを防ぐため，配線を終えたら指導教員の点検を受け，その後スイッチを入れる．測定中にトラブルが発生したらただちに電源を切り，指導教員にその間の事情を説明して，原因をつきとめる．

A. 電流計，電圧計

　電気回路を流れる電流と抵抗などの回路素子にかかる電圧は，電流計と電圧計を使って測定する．図 3.10 のアナログ式を多くのテーマで使うが，デジタル式を使うテーマもある．電流が直流か交流か，測定値が大きいか小さいかによって機種を選ぶ．

　図 3.10 の可動コイル型の電流計では，コイルを流れる電流が，磁石の磁場から受けるローレンツ力を，渦巻きばねの弾性力とつり合わせる．その弾性力を電流に換算して表示している．

直流用　　　　　　　　　交流用

図 3.10　電圧計と電流計

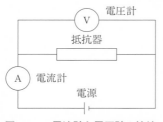

図 3.11　電流計と電圧計の接続例

　抵抗を流れる電流と電圧を測定するとき，図 3.11 のように電流計は抵抗と直列に，電圧計は並列に接続する．次の手順で配線すると失敗が少ない．

① 電流の主要な循環路を配線する．電圧計を含む並列回路は考えないで，電流計を含む電源の（＋）から（－）までの一回りを考えればよい．

② 主な並列回路を配線し，最後に電圧計をつなぐ．導線が交差しないように配線し，計測器の端子へしっかりと接続していることを確かめる．

③ 指導教員の点検を受けて，電源を接続する．

注意

① 電流計と電圧計には，規格範囲を越えた過大な電流や電圧をかけない．

② 電流計，電圧計とも最初はいちばん大きいレンジを選ぶ．電流と電圧の値を確かめたうえで適切なレンジに切り替える．

③ 直流電圧計は電圧計の（＋）極が高電位になるように接続する．つまり，電流が電圧計の（＋）極から入り（－）極へ出るようにする．

④ 電流と電圧の測定値は**最小目盛の1/5または1/10まで読み**，それを読み取りの不確かさとする．

⑤ 測定が終わったら電源スイッチを切り，その後に配線をはずす．

B. スライド抵抗器

スライド抵抗器は図3.12に示すような構造をしており，ソレノイド状に巻かれた抵抗線 MN 上を接触端子 D がすべるようになっている．D をずらすことによって，MQ あるいは NQ 間の抵抗を連続的に変えることができる．

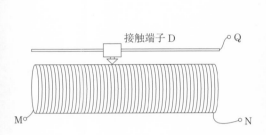

図3.12 スライド抵抗器

C. スライダック（単巻き可変変圧器）

スライダックは，図3.13に示す構造をしており，インダクタンスに100Vの交流電圧を入力すると，中間端子から0〜130Vの交流電圧が出力される．

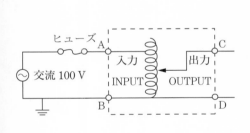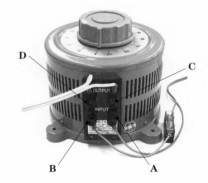

図3.13 スライダック

注意

① 入力端子（INPUT）A，B と出力端子（OUTPUT）C，D を間違えると，必ずスライダックが破損する．

② 交流電源の一方はアースされているので（図3.13），出力端子をアースしてはいけない．また，出力端子をさわると感電することがある．

③ 結線後，スライダックが0Vの状態になっていることを確かめたうえで，コンセントにプラグを差し込む．電源を切る前にもスライダックを0Vに戻す．入力コードが熱くなるなど異常なことが起こったら，ただちにプラグをはずし，配線ミスがないか確認する．

D. オシロスコープ

　オシロスコープは，電圧の時間変化を観測するのに大変便利な測定器である．直流電圧や交流電圧はもちろんのこと，過渡的に変化する電圧，周期性のない雑音電圧（ノイズ），突発的なパルス電圧などを観測することができる．

オシロスコープの原理

　本実験では，デジタルオシロスコープを使用する．画面上の縦軸（垂直軸）は電圧をあらわし，横軸（水平軸）は時間をあらわす．横軸の描画のタイミングを信号電圧の位相にあわせると，画面上の波形を静止させることができる．位相をあわせることを「同期をとる」または「トリガをかける」という．

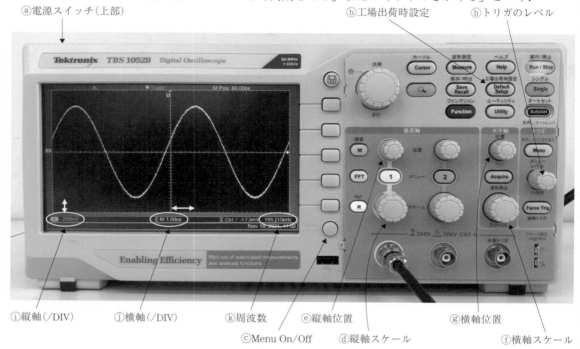

図 3.14　オシロスコープのパネル（TDS 1052B-EDU）

設定：ⓘ縦軸（垂直軸）200 mV/DIV，ⓙ横軸（水平軸）1.00 µs/DIV．

測定値：振幅 = 200 mV/DIV × 3.0 DIV = 600 mV．

　　　　周期 = 1.00 µs/DIV × 5.0 DIV = 5.0 µs.

　　　ⓚ周波数 = 199.215 kHz.

　　　　（1/周期 = 1/(5.0 µs) = 2.0×10^2 kHz と有効数字の範囲内で一致）.

オシロスコープの使い方

　交流電圧の波形をオシロスコープ（TDS 1052B-EDU）を使って観測する．その手順を図 3.14 のパネルを見ながら説明する．

① 　ⓐ「電源スイッチ」（本体の上部）を押す．立ち上がるまで約 40 秒待つ．

② 　ⓑ「工場出荷時設定」を押す．この操作により，前に使用していた状態をリセットする．

③ 　左側の入力端子（チャンネル 1；CH1）に測定端子からのケーブルを接続

する.

④ ⓒ「Menu On/Off」を1回押して,画面右に表示されているメニューを消す.

⑤ ⓓ「縦軸スケール」を回して波形が見やすいレンジを選ぶ.(図 3.14 では,点線で区切られている区画の縦1つ分の幅(1 DIV)が,ⓘ 200 mV になっている. 200 mV/DIV と表す.).

⑥ ⓔ「縦軸位置」を回して波形を上下に移動させて見やすくする.

⑦ ⓕ「横軸スケール」を回して波形が見やすいレンジを選ぶ.(図 3.15 では,点線で区切られている区画の横1つ分の幅(1 DIV)が,ⓙ 1.00 μs になっている. 1.00 μs/DIV と表す.).

⑧ ⓖ「横軸位置」を回して波形を左右に移動させて見やすくする.

⑨ もし,波形が静止しないときは,ⓗ「トリガのレベル」を回し,適当なレベルにすると静止させることができる.

⑩ ⓘとⓙの設定値に注意して,図 3.15 の画面に表示された波形の振幅と周期の値を確認せよ. また,得られた周期から周波数を求めよ. その結果が,ⓚの値と一致することを確認せよ.

練習問題の解答

3.1　12.70 mm

3.2　(1)　3.350 mm　　(2)　3.850 mm　　(3)　4.003 mm　　(4)　3.994 mm

3.3　省略

3.4　気温 25.4 °C，湿度 80 %，気圧 1020.6 hPa

4

実験テーマ

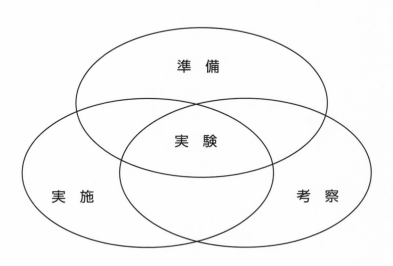

（表を配布するので貼付すること）

1 基礎測定 A（密度）

1 実験概要と目的

円柱の金属試料の高さをノギスで，直径をマイクロメーターでそれぞれ測定して，試料の体積を得る．試料の質量は天秤で測定する．体積と質量の値から，単位体積当たりの質量である試料の密度を得る．密度の値から試料の物質を判別する．

キーワード：ノギス，マイクロメーター，読み取り精度，密度

2 原　理

密度とは，単位体積あたりの物体の質量のことである．すなわち，質量 M の物体の体積が V であれば，密度 ρ は，

$$\rho = \frac{M}{V} \tag{1}$$

である．あるいは，$M = \rho V$ と書くこともできる．

図 1 のような，直径 $D\,[\mathrm{cm}]$，高さ $H\,[\mathrm{cm}]$ の円柱の体積 $V\,[\mathrm{cm}^3]$ は，

$$V = \frac{\pi}{4}D^2 H \tag{2}$$

である．円柱の質量が $M\,[\mathrm{g}]$ であれば，密度 $\rho\,[\mathrm{g/cm^3}]$ は，

$$\rho = \frac{M}{\frac{\pi}{4}D^2 H} = \frac{4M}{\pi D^2 H} \tag{3}$$

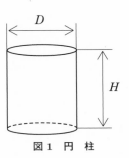

図 1　円　柱

である．

本実験では，M，D，および H を測定して，ρ を求める．

3 実験器具リスト

金属円柱，上皿天秤（3–2A，測定範囲 2–200 g），ノギス（3–1B），マイクロメーター（3–1C），分銅，分銅用ピンセット

4 実験の手順

① 用意されている金属円柱を 1 人あたり 1 本ずつ受け取る．円柱の番号と色を記録する．測定器具（天秤，ノギス，マイクロメーター）は，全員に行き渡らないことがあるが，2，3 人でシェアして用いる．

② 天秤についている調整ネジを使って，天秤中央の指針のゆれの中心が目盛の真ん中にくるように調整する．

③ 左の皿に金属円柱を載せ，右の皿にピンセットを用いてバランスが取れるまで質量が最大の分銅から載せる．

④ 質量が最小の分銅は 0.2 g あるいは 0.1 g であるが，最も軽い分銅を載せたときと載せないときの目盛のずれのようすをよく観察すれば，0.1 g の位まで質量 M を読み取れる．質量を □□□.□ g まで測定する．

⑤　右と左の皿を入れ替えるなどして，M を 4 回測定する．それを表 1 にまとめる．

⑥　ノギスに何もはさまず閉じて，ゼロ点を確認する．

⑦　金属円柱をノギスにはさみ，その高さ H を，□□.□□ mm まで測定する．ノギスの操作法は，3–1B に詳しい説明がある．副尺を正確に用いれば，ノギスの読み取り限界 0.05 mm で，H の測定ができる．

⑧　H は，金属円柱を 45° ずつ回転させ，合計 4 カ所で測定する．それを表 2 にまとめる．

⑨　金属円柱をノギスにはさみ，その直径 D を予備測定する．この値は，後のマイクロメーターで測定する正確な値の参考とする．

⑩　マイクロメーターに何もはさまず，ラチェットをゆっくりと回して，スピンドルを密着させてゼロ点を，1000 分の 1 mm まで，つまり 0.□□□ mm まで読む．3 回開閉を繰り返して読み，ゼロ点の値の平均をとっておく．マイクロメーターの部分の名称や操作法は，3–1C に詳しい説明がある．

⑪　金属円柱をマイクロメーターにはさみ，その D を，□□.□□□ mm まで測定する．⑨ のノギスで測定した値と 0.1 mm 以上は違っていないはずである．読み取り限界 0.001 mm で，D の測定ができる．

⑫　D は，金属円柱の上端，中央，下端で，それぞれ 90° 向きを変えて，合計 6 カ所で測定する．それを表 3 にまとめる．読んだ値から ⑩ のゼロ点の値の平均を差し引いた値を D の値とする．

⑬　M の平均値 $\overline{M}$，H の平均値 $\overline{H}$，D の平均値 $\overline{D}$ を計算する．

⑭　$\overline{M}$，$\overline{H}$，$\overline{D}$ をそれぞれ M，H，D の最良推定値とみなし，式 (3) を用いて ρ を計算し，有効数字（2–4）をよく考えて，結果とする．

⑮　付表 5 に参考データが与えてある．測定した金属円柱試料の密度と表の密度の値を比較し，試料材料を判別する．金属の色から判断すると，1 円玉と同じ色ならアルミニウム，5 円玉と同じなら黄銅，10 円玉と同じなら銅，灰色ならステンレスである．

ここまで終わったら，指導教員にチェックを受ける．実験器具はまだ片付けないこと．

5　考察のヒント

【注意】 レポートでは，文章によって表，グラフ，結果，考察などを説明することが重要である．数値，表，グラフなどを単に並べたものはレポートと呼べない．1–9 のレポートの例を参考にしなさい．

（1）今回の測定結果を付表 5（p.169）の参考データと比較しなさい．結果が大きく違うときは，測定や計算は正しかったかなど，その原因を考えて考察欄へ具体的に書きなさい．

（2）「密度は物質に固有な量である．」その理由を，物質はたくさんの原子の集合体であることをもとにして考えて書きなさい．

6　より良いレポート作成のために

ここでは，より良いレポートを作成するために，データ解析の方法とさらなる考察のヒントについて書かれている．

6.1 実験の手順（つづき）

不確かさの計算

上の 5（1）の考察によって，測定ミスがないことを確認できたら，次に進む．

⑯ $\overline{M}$ の平均値の不確かさ $\sigma_{\overline{M}\mathrm{A}}$ を計算する．計算には 2–5 の式 (8) を使う．平均値の不確かさについては，同じページに詳しい説明がある．

⑰ $\overline{M}$ の不確かさ $\sigma_{\overline{M}}$ は，平均値の不確かさ $\sigma_{\overline{M}\mathrm{A}}$ と読み取りの不確かさ $\sigma_{\overline{M}\mathrm{S}} = 0.1\,\mathrm{g}$ から $\sigma_{\overline{M}} = \sqrt{\sigma_{\overline{M}\mathrm{A}}^2 + \sigma_{\overline{M}\mathrm{S}}^2}$ で計算する．

⑱ $\overline{H}$ の平均値の不確かさ $\sigma_{\overline{H}\mathrm{A}}$ を計算する．

⑲ $\overline{H}$ の不確かさ $\sigma_{\overline{H}}$ は，平均値の不確かさ $\sigma_{\overline{H}\mathrm{A}}$ と読み取りの不確かさ $\sigma_{\overline{H}\mathrm{S}} = 0.05\,\mathrm{mm}$ から $\sigma_{\overline{H}} = \sqrt{\sigma_{\overline{H}\mathrm{A}}^2 + \sigma_{\overline{H}\mathrm{S}}^2}$ で計算する．

⑳ $\overline{D}$ の平均値の不確かさ $\sigma_{\overline{D}\mathrm{A}}$ を計算する．

㉑ $\overline{D}$ の不確かさ $\sigma_{\overline{D}}$ は，平均値の不確かさ $\sigma_{\overline{D}\mathrm{A}}$ と読み取りの不確かさ $\sigma_{\overline{D}\mathrm{S}} = 0.001\,\mathrm{mm}$ から $\sigma_{\overline{D}} = \sqrt{\sigma_{\overline{D}\mathrm{A}}^2 + \sigma_{\overline{D}\mathrm{S}}^2}$ で計算する．

㉒ 間接測定の不確かさの計算法（2–7）に従って ρ の不確かさ σ_ρ を計算する．

㉓ 結果を，$\rho \pm \sigma_\rho\,[\mathrm{g/cm^3}]$ の形にまとめる．有効数字（2–4）に注意すること．不確かさの計算は，レポートの「5. 計算と実験結果」に書く．

6.2 考察のヒント（つづき）

（3） （考察のヒント（1）に代えて）㉓で表される測定結果の範囲から付表 5 の参考データがはずれているときは，測定が不適切だった場合もある．考えつく原因があれば具体的に書きなさい．

（4） 密度の単位として，SI 単位である $[\mathrm{kg/m^3}]$ が用いられていることもある．得られた値を，$\rho \pm \sigma_\rho\,[\mathrm{kg/m^3}]$ の形にまとめなさい．

（5） この実験から学んだことを考えて書きなさい．

【注意】 実験テーマ 2 以降の実験では，平均値の不確かさと読み取りの不確かさについてこのように詳しくは書いていないが，常にこのように計算しなければならない．

2 基礎測定 B（電気抵抗）

1 実験概要と目的

抵抗器に電池をつなぎ，電池の電圧を変えながら，抵抗器を流れる電流を電流計によって，また抵抗器に加わる電圧を電圧計によって測定する．電圧と電流の測定値の間にオームの法則が成り立つことを確かめて，電圧と電流の比である抵抗器の電気抵抗の値を得る．

キーワード：電流計，電圧計，オームの法則，電気抵抗

2 原　理

物質に電圧を加えたとき，電流が流れる物質を導体，流れない物質を絶縁体とよぶ．導体に電圧を加えて電流を流したとき（図1），電流は電圧に比例する．そのときの比例係数が電気抵抗 $R[\Omega]$ である．この関係はオームが見いだしたので，オームの法則といわれる．

導体の電気抵抗 $R[\Omega]$ を実際に測定するときは，導体に電流 $I[A]$ を流してその値を電流計で測定し，導体に発生する電圧 $V[V]$ を電圧計で測定することが多く，オームの法則は，

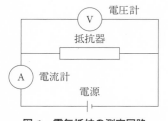

図 1　電気抵抗の測定回路

$$R = \frac{V}{I} \tag{1}$$

と書くこともできる．R は I の流れにくさを表している．

本実験では，電気抵抗として用いる導体（抵抗器）を流れる I と V との関係を測定して，抵抗器の R を得る．

3 実験器具リスト

電圧計（3–6A，フルスケール 300 V, 15 V, 3 V），電流計（3–6A，フルスケール 5 A, 500 mA, 50 mA），抵抗器，電源装置，電池 4 本，配線用リード線 5 本

4 実験の手順

回路の組み立て

この実験では電気測定の基礎を学ぶので，3–6 電気測定に書かれている一般的注意や電流計と電圧計についての注意内容を実験を始める前に熟読すること．図1を見ながら，以下の手順を読むこと．

回路の組み立てと電気抵抗の測定

測定に用いる電源装置を図2に示す．実験器具はグループあたり1組であるが，電気抵抗測定は各自が行うので，測定端子を取り付けた抵抗器（図2）を1人あたり1個ずつ受け取り，カラーコードと抵抗値，許容差を記録しておく．

① 使用する電流計で測定できる最大電流の端子（5 A 端子）と測定端子の片方（＋側）をつなぐ．

② 残った測定端子と装置の GND と書かれた端子（GND 端子）をつなぐ．

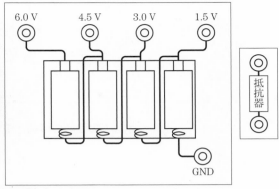

図2 電源装置 抵抗器（左は写真）

③ ①で電流計を接続した測定端子と電圧計の＋側の端子とをつなぐ．②で GND 端子を接続した測定端子と使用する電圧計で測定できる最大電圧（フルスケール 300 V）の端子をつなぐのが正式なやり方であるが，今回の最大電圧は 6.0 V であることがわかっているので，フルスケール 15 V につなぐ．

④ 配線に誤りがないことを再度点検した後，電圧計と電流計の指針の振れに注目しながら，電流計の＋端子と装置の 1.5 V 出力端子（1.5 V 端子）をつなぐ．電流計の指針の振れが測定範囲内に収まっているのを確認してから，その値を読む．指針が振り切れたならば，接続した端子から配線を素早くはずし，指導教員に報告する．

⑤ 電流計の＋端子と 1.5 V 端子間の配線をはずす．④で読み取った値を参考に，5 A 端子の配線を 500 mA か 50 mA のいずれかの端子につなぎなおす．電圧計のレンジを 15 V から 3 V につなぎ直す．

⑥ 1.5 V 端子と電流計の＋端子とをつなぎ，I と V の値を最小目盛の 1/5 または 1/10 まで読み取るとともに記録し，接続をはずす．表1のような表を作って記入する．

⑦ 電源電圧を 1.5 V から 3.0 V に変更する．⑥で測定した値を参考に，3.0 V では電流計の指針が振り切れないか予想する．振り切れることが予想されれば，測定端子と電流計との接続をより大きい電流測定範囲に変えた後，＋端子と 3.0 V 端子とをつないで I と V の値を最小目盛の 1/5 または 1/10 まで読みとったのちに記録し，配線をはずす．

⑧ ⑦と同じ操作を 4.5 V, 6.0 V の電源電圧でも行い，I と V の値を記録する．

⑨ 電源電圧を 6.0 V から低下させながら，1.5 V まで I と V の値を表1のような表を作って記録する．電圧の増加時と降下時で I と V の値が大きく違うときは，指導教員に報告して電池を交換してもらう．

⑩ 配線をはずし，次の配線が行いやすいように整えておく．

　他の抵抗器についても，担当を交代しながら①から⑩の手順を繰り返し，測定を行う．全員の測定が終了したのち，データの整理を行う．

表1　電圧と電流の測定値（電圧を増加させたとき）

電源電圧/V	電圧 V /V	電流 I /mA	電圧計のレンジ	電流計のレンジ
1.5	1.39	28.1	3 V	50 mA
3.0	…	…	…	…
4.5	…	…	…	…
6.0	…	…	…	…

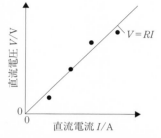

図3　電流と電圧の関係

オームの法則の確認と電気抵抗の計算

⑪　オームの法則が成立しているか確認するため，図3のようにグラフを描く．グラフを描くときは，横軸には実験で変化させた量（この実験では電圧）を，縦軸にはその結果変化した量（この実験では電流）をとることが基本であるが，ここでは式 (1) にしたがって，横軸に電流，縦軸に電圧をとってグラフを描く．

⑫　測定値には，測定する人や器具によって，多少の不確かさがあることを考慮した上で，点の並び方が直線のような変化なのか，曲線のような変化なのかを，見極める．

⑬　直線的変化の場合，すべての測定点のなるべく近くを通り，測定点が線の上下に平均して散らばるように，直線を引く．長い物差しを使うこと．

⑭　直線の傾きから電気抵抗を求め，有効数字をよく考えて，結果とする．

⑮　実験で用いた抵抗器にはカラーコードにより電気抵抗の公称値が書かれている．それを実験で求めた抵抗値と比較する．

ここまで終わったら，指導教員にチェックを受ける．実験器具はまだ片付けないこと．

【注意】　レポートでは，文章によって表，グラフ，結果，考察などを説明することが重要である．数値，表，グラフなどを単に並べたものはレポートと呼べない．1–9 のレポートの例を参考にしなさい．

5　考察のヒント

（1）　この実験で用いた抵抗器の公称値には5％の許容差がある．実験で求めた抵抗値は公称値とどの程度違っていたか．結果が大きく違うときは，測定や計算は正しかったかなど，その原因を考えて考察欄へ具体的に書きなさい．

（2）　電気抵抗 R は，試料の長さ l 〔m〕に比例し，断面積 S 〔m^2〕に反比例する．物質に固有な抵抗値は電気抵抗率 ρ によって表される．ρ を R, l, S によって表しなさい．また，ρ の単位を示しなさい．

6　より良いレポート作成のために

　ここでは，より良いレポートを作成するために，データ解析の方法とさらなる考察のヒントについて書かれている．

6.1　実験の手順（つづき）

最小 2 乗法および不確かさの計算

⑮によって，測定ミスがないことを確認できたら，次に進む.

⑯　電圧を増加させて測定した結果について，最小 2 乗法（2–8）を用いて，直線の傾きと切片の値を求めるとともに，それぞれの不確かさを計算する. 電圧を減少させて測定した結果についても同様の計算をする.

⑰　直線の傾きとその不確かさから，$R =$⑯の傾きの値 $\pm$⑯の傾きの値の不確かさ Ω の形にまとめる. 有効数字（2–4）に注意すること. 最小 2 乗法と不確かさの計算は，レポートでは「5. 計算と実験結果」の項に書く.

6.2　考察のヒント（つづき）

（3）（考察のヒント（1）に代えて）⑰の結果を⑭の結果および公称値と比較しよう. それぞれの不確かさの合計以上に値が違っているときは，測定が不適切だった場合もある. 考えつく原因があれば具体的に書きなさい.

（4）抵抗によって電流は流れにくくなる. その結果，抵抗器にどんな変化が起きているか，説明しなさい.

（5）電圧計は，電流計と抵抗を直列に接続して作られている. オームの法則を使って，この組み合わせで電圧が測定できることを説明しなさい.

（6）電流計と並列に小さな抵抗（分流器と呼ぶ）を接続すると測定電流範囲が大きくなる. なぜ大きな電流が測定できるようになるのか，説明しなさい.

（7）この実験から学んだことを考えて書きなさい.

3　振り子の周期と重力加速度

1　実験概要と目的

　針金に金属球をつるした振り子を鉛直面内で振動させながら，周期を繰り返し測定する．振り子の周期と長さから，金属球に重力が作用することによって生じる重力加速度の大きさを得る．

　キーワード：単振り子，周期，重力加速度

2　原　理

　地上にある質量 m [kg] の物体には，m に比例した大きさ $F = mg$ [N] の重力がはたらく．この比例係数 g [m/s^2] を**重力加速度**と呼ぶ．g は，物体が自由落下するときの加速度である．

　図1のように，長さ l [m] の針金で質量 m [kg]，半径 r [m] のおもりを O 点で吊り下げ，鉛直面内で振動させるときの運動を考えよう．針金の質量はおもりの質量に比べ十分小さく，無視できるものとする．このときおもりは，O 点を中心とする半径 $h = l + r$ の円弧上を運動する．

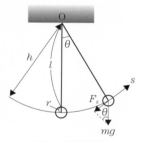

図1　単振り子

　今，おもりのつりあいの位置を原点として，円弧に沿って座標 s [m] を導入する．時刻 t [s] でのおもりの位置を $s(t)$，そのときの針金と鉛直線のなす角を $\theta = \theta(t)$ とする．このとき，おもりに作用する重力の大きさは mg，その s 方向成分 F_s [N] は，$F_s = -mg \sin\theta$ と書けるから，おもりの s 方向の運動方程式は

$$m\frac{\mathrm{d}^2 s}{\mathrm{d}t^2} = -mg\sin\theta \tag{1}$$

となる．この式は，$s = h\theta$ を使うと

$$mh\frac{\mathrm{d}^2 \theta}{\mathrm{d}t^2} = -mg\sin\theta \tag{2}$$

と書け，さらに整理すると

$$\frac{\mathrm{d}^2 \theta}{\mathrm{d}t^2} = -\frac{g}{h}\sin\theta \tag{3}$$

となる．振動の振れ角が小さい $(\theta < 0.1\mathrm{rad})$ 場合，$\sin\theta \simeq \theta$ と近似できるので，この式は

$$\frac{\mathrm{d}^2 \theta}{\mathrm{d}t^2} = -\frac{g}{h}\theta \tag{4}$$

と表せる．これを解くと，

$$\theta(t) = a\sin(\omega t + \delta) \tag{5}$$

$$\omega = \sqrt{\frac{g}{h}} \tag{6}$$

となり，1回の繰り返しに要する時間，すなわち**周期** T [s] は，

$$T = \frac{2\pi}{\omega} = 2\pi\sqrt{\frac{h}{g}} = 2\pi\sqrt{\frac{l+r}{g}} \tag{7}$$

と表される.

このように振幅が小さいとき,振り子の周期は,振幅やおもりの質量によらず,重力加速度 g と振り子の長さ $h = l + r$ だけで決まる.これを**振り子の等時性**という.これを利用して,地上での重力加速度を求めることができる.すなわち,式 (7) を g について解けば

$$g = \frac{4\pi^2}{T^2}(l+r) \tag{8}$$

となる.

3 実験用具リスト

U 字型支座,ナイフエッジ,針金約 1 m,金属球,水準器,メジャー,ノギス (3–1B),方眼紙,ストップウォッチ (3–3A)

4 実験の手順

① 水準器をのせた U 字形支座を支持台におき,ネジ C_1,C_2 を調節して U 字形支座を水平にする.ナイフエッジは振り子上部のみをナイフエッジが U 字型と直角になるように支持台に置き,心棒が鉛直になっていることを確認する.鉛直になっていない場合は,バランス調節のおもりを移動させて鉛直にする.

② 金属球のついた針金をナイフエッジの心棒下端にチャックで固定し,図 2 のように振り子をセットする.

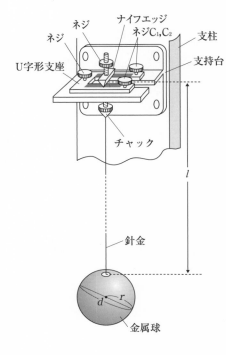

図 2 単振り子の実験装置(左は写真)

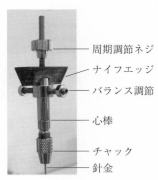

表 1 周期の測定値

番号 i	通過回数 n /回	通過時刻 t_i /m:s	通過時刻 t_i /s
0	0	0 分 25.40 秒	25.40
1	10	0 分 48.71 秒	48.71
2	20	1 分 11.98 秒	71.98
3	30		…
4	40		…
5	50		…
6	60		…
7	70		…
8	80		…
9	90		…
10	100		…

* 長さ 100 cm の振り子を振幅 10 cm 以下で振らせると、$\theta \le 0.1$ rad となる。理由を考えよ。

** この操作は、振り子部分とナイフエッジ部分を同じ周期で振動させるために行い、正しい g の値を得るためには重要である。

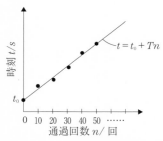

図3 時刻 t と通過回数 n の関係。 グラフが直線となることで等時性が確認できる。

【注意】 計算は単位の換算をしてから行う。正確な単位換算ができることは、非常に重要である。

③ 振り子を振動させる（$\theta \le 0.1$ rad で振らせる *）。このとき、球が楕円軌道を描いたり、自転したりしてはいけない。任意の定めた標線を振り子が同一方向に 10 回通過する時間を測定する。次に、金属球と針金をはずして、振り子上部のみで同様に 10 回の振動時間を測定する。金属球などがついていたときとほぼ等しい振動時間となるように心棒の上部の周期調節ネジを上下して調節する **。再び金属球と針金をつけて正式に測定を行う。

④ 振り子を振幅 10 cm 以下で振らせ、一定の振動を行っていることを確かめてから、ストップウォッチを押し、振り子が標線を通過すると同時に 0 回目の合図をする。共同実験者はこの合図によって時刻を読み取る。その後は、ストップウォッチのスプリット機能を用いて、10 回目の通過ごとの時刻を読み取る。回数は同一方向に通過した回数を数える。このようにして、ストップウォッチを止めることなく、100 回まで連続して測定し、表1 のように記録する。また、通過時刻を秒単位に改める。

⑤ ナイフエッジの支点から金属球のネジ止め位置までの距離 l [cm] を 3 回測定する。それを表2 にまとめる。

⑥ 3 つの l の平均値を $\bar{l}$ [cm] とする。

⑦ 金属球の直径 d [cm] を 3 カ所で測定する。それを表3 にまとめる。

⑧ d より半径を計算し、その平均値 $\bar{r}$ [cm] を求める。

⑨ 表1 から、図3 のように通過回数 n [回] と通過時刻 t [s] の関係のグラフを描く。関係式は、$t = t_0 + Tn$ [s] のような直線を示し、直線の傾きから周期 T が求められる。

⑩ 式(8) より、g [m/s²] を計算し、有効数字（2–4）をよく考えて、結果とする。

⑪ g の値は場所によって異なる。付表4 の参考値と測定結果を比較する。

ここまで終わったら、指導教員にチェックを受ける。実験器具はまだ片付けないこと。

5 考察のヒント

（1） 今回の測定結果を参考値と比較しなさい。結果が大きく違うときは、測定や計算は正しかったかなど、その原因を考えて考察欄へ具体的に書きなさい。

（2） 振り子の周期から、なぜ重力加速度がわかるのだろうか。なるべく簡単に説明する方法を考えて書きなさい。例えば、月や火星、土星の上で振り子を振ったら、どうなると思いますか？

6 より良いレポート作成のために

ここでは、より良いレポートを作成するために、データ解析の方法とさらなる考察のヒントについて書かれている。

【注意】 レポートでは、**文章**によって表、グラフ、結果、考察などを説明することが重要である。数値、表、グラフなどを単に並べたものはレポートと呼べない。1–9 のレポートの例を参考にしなさい。

6.1 実験の手順（つづき）

不確かさの計算

上の 5 (1) の考察によって，測定ミスがないことを確認できたら，次に進む.

⑫ 最小 2 乗法により $T\,[\mathrm{s}]$ の値およびその不確かさ $\sigma_T\,[\mathrm{s}]$ を求める（2–8 参照）.

⑬ $\bar{l}\,[\mathrm{m}]$ の不確かさ $\sigma_{\bar{l}}\,[\mathrm{m}]$ を求める（2–5 参照）.

⑭ $\bar{r}\,[\mathrm{m}]$ の不確かさ $\sigma_{\bar{r}}\,[\mathrm{m}]$ を求める.

⑮ 間接測定における不確かさの計算法（2–7）にしたがって，$g\,[\mathrm{m/s^2}]$ およびその不確かさ $\sigma_g\,[\mathrm{m/s^2}]$ を計算する.

⑯ 結果を，$g \pm \sigma_g\,[\mathrm{m/s^2}]$ の形にまとめる. 有効数字（2–4）に注意すること.

【注意】 T 以外は測定が数回なので読み取りの不確かさを計算に含めることを忘れない. 基礎測定 A の 6.1 を参照せよ.

6.2 考察のヒント（つづき）

（3） （考察のヒント（1）に代えて）⑯で表される g の測定結果の範囲から参考値がはずれているときは，測定が不適切だった場合もある. 考えつく原因があれば具体的に書きなさい.

（4） さらに正確に g の値を求めるためには，実験装置や実験・データ解析のやり方をどのように改善すればよいであろうか，考えなさい.

（5） 周期が $T = 1\,\mathrm{s}$ の振り子の長さ $l + r$ を計算してみよう. その値を改めて 1 m と定義すれば，便利だと思われるがそうしない. その理由はなぜだろう. 考えて書きなさい.

（6） この実験で求めた g を使うと地球の質量は何 kg になるだろうか. 万有引力の法則を使うことが必要である.

（7） この実験から学んだことを考えて書きなさい.

4 金属のヤング率

1 実験概要と目的

黄銅線におもりをつるして張力をかけたときの伸びをサールの装置を用いて測定する．おもりの質量を変化させたときの張力と伸びの間にフックの法則が成り立つことを確かめる．そのときの応力（単位断面積当たりの張力）とひずみ（伸びの割合）の比から，黄銅のヤング率（縦弾性率）を得る．

キーワード：ひずみ，応力，フックの法則，ヤング率

2 原　　理

固体が外力により変形すると，変形をもとに戻そうとする応力がはたらく．外力を除くともとの状態に戻り，応力もなくなる．この性質を弾性という．外力による変形量ともとの状態量との比をひずみと呼ぶ．ある応力の限度範囲で応力とひずみとの間には，「応力の強さとひずみは比例する」というフック（Hooke）の法則が成り立つ．すなわち，応力の強さ（単位断面積あたりにはたらく力の大きさ）を f，ひずみを s，比例定数を C とすると，

$$f = Cs \tag{1}$$

となる．C は固体の種類によって定まる定数で**弾性率**という．

長さ $l\,[\mathrm{m}]$，断面積 $a\,[\mathrm{m}^2]$ の棒の一端を固定し他端に軸方向に外力 $F\,[\mathrm{N}]$ を加えたとき，棒が Δl だけ伸びた（あるいは縮んだ）とすれば，応力の強さは $f = F/a\,[\mathrm{Pa}]([\mathrm{Pa}]=[\mathrm{N/m^2}])$，ひずみは $s = \Delta l / l$ である．弾性率を $E\,[\mathrm{Pa}]$ とすれば，式 (1) は，

$$\frac{F}{a} = E\frac{\Delta l}{l} \tag{2}$$

となる．このときの E を縦弾性率あるいは**ヤング率**という．

実験では，図 1 のように，サールの装置を用いて黄銅針金試料の E を測定する．AA′ は試料の針金，BB′ は試料と同質の太めの補助の針金で，実験中の温度の変化による針金の膨張が結果に現れないようにしてある．試料側のおもり台におもりを加え，それによる針金の伸びを測定し，E を求める．AA′ の針金の直径を $d\,[\mathrm{m}]$，おもり台におもりを加えないときの長さを l とする．試料側のおもり台に質量 $M\,[\mathrm{kg}]$ のおもりを加えたとき，試料が Δl だけ伸びたとすれば，$a = \frac{\pi}{4}d^2$ および $F = Mg$ なので，式 (2) より E は，

$$E = \frac{\dfrac{F}{a}}{\dfrac{\Delta l}{l}} = \frac{4gl}{\pi d^2} \cdot \frac{M}{\Delta l} \tag{3}$$

と表される．

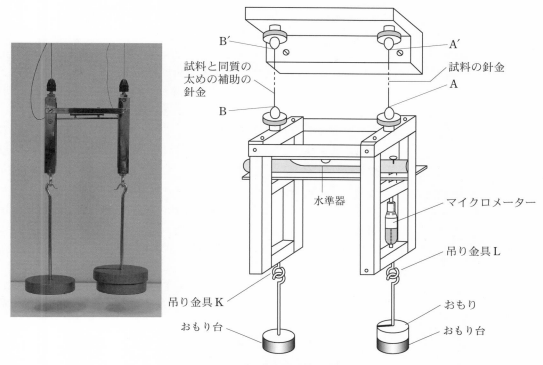

図 1 サールの装置（左は写真）

3 実験用具リスト

約 1 m の針金 2 本，水準器・マイクロメーター付サールの装置，おもり台 2 個，マイクロメーター（3-1C），メジャー，台ばかり（3-2C）（共通）

4 実験の手順

① 試料の針金が曲がらないように伸ばすため，吊り金具 K，L におもり台を吊るす．次に，マイクロメーター（3-1C）を調整して，水準器が水平になったときの位置を読み取り，その値を H_0 [mm] とする．

② 試料側のおもり台におもり M_1 を 1 個加え，水準器が水平になったときのマイクロメーター（3-1C）の位置を H_1 [mm] とする．表 1 のような表を作って記録する．このとき，$\Delta l_1 = H_1 - H_0$ [mm] である．

③ 同様におもり M_2，M_3，M_4 を 1 個ずつ増やしていき，そのつど水準器を

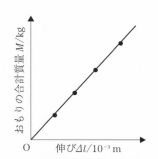

図 2 おもりの質量と黄銅線の伸び

表 1 おもりの質量と黄銅線の伸び（1 回目，$H_0 = 11.274$ mm）

番号 i	おもりの合計質量 M_i /kg	マイクロメーターの位置 H_i /mm	黄銅線の伸び Δl_i /mm
1	1.000	11.946	0.672
2	…	…	…
3	…	…	…
4	…	…	…

水平にして，増加した荷重に対する目盛を読み，それぞれ H_2, H_3, H_4 とする．このとき，$\Delta l_i = H_i - H_0$ [mm]　$(i = 2, 3, 4)$ である．

④　おもり M_1, M_2, M_3, および M_4 の質量を台ばかり（3–2C）を用いて測定し，それぞれの場合の荷重の合計質量 M [kg] を求める．

⑤　Δl [m]（m に単位を換算する）を横軸に，M [kg] を縦軸にとって図 2 のようなグラフを描く．変化が大きく直線からずれている場合には，①から測定をやり直す．

⑥　①から⑤までの実験をもう一度行う．グラフの傾きが最初の実験と大きく異なるときは，実験をさらにもう一度行い，表 2 にまとめてグラフを描く．

⑦　それぞれのグラフより，直線の傾きをそれぞれ読み取る．この値は，式 (3) の中の $\dfrac{M}{\Delta l}$ [kg/m] になる．

【注意】　計算は単位の換算をしてから行う．正確な単位換算ができることは，非常に重要である．

⑧　おもり台だけ残して，試料の長さ AA' の距離を 3 回測定し，それを表 3 にまとめる．その平均値を $\bar{l}$ [m] とする．

【注意】　測定装置のゼロ点の値を計算に含めることを忘れない．

⑨　試料の直径を 3 カ所で測定し，それを表 4 にまとめる．その平均値を $\bar{d}$ [m] とする．

⑩　式 (3) より，E [Pa]（[Pa]=[N/m^2]）をそれぞれ計算し，その平均値 $\bar{E}$ を求め，有効数字（2–4）をよく考えて，結果とする．g の値は付表 4 を参照せよ．

⑪　黄銅の E の値は $(9.7 \sim 10.2) \times 10^{10}$ Pa であることが知られている．今回の測定結果をこの参考値と比較する．

ここまで終わったら，指導教員にチェックを受ける．実験器具はまだ片付けないこと．

5　考察のヒント

（1）　今回のヤング率 E の測定結果を参考値と比較しなさい．結果が大きく違うときは，測定や計算は正しかったかなど，その原因を考えて考察欄へ具体的に書きなさい．

【注意】　レポートでは，**文章**によって表，グラフ，結果，考察などを説明することが重要である．数値，表，グラフなどを単に並べたものはレポートと呼べない．1–9 のレポートの例を参考にしなさい．

（2）　この実験から，「針金は，つるを巻いていなくてもばねである．」ことがわかったはずである．また，「ヤング率 E は応力と歪の比であり，針金の物質に固有な量であることを理解したはずである．それでは，針金のばね定数 $k = F/\Delta l$ を E を用いて表しなさい．

6　より良いレポート作成のために

ここでは，より良いレポートを作成するために，データ解析の方法とさらなる考察のヒントについて書かれている．

6.1　実験の手順（つづき）

最小 2 乗法および不確かさの計算

上の 5（1）の考察によって，測定ミスがないことを確認できたら，次に進む．

⑫　最小 2 乗法（2–8）を用いて，正確な $B = \dfrac{M}{\Delta l}$ [kg/m] の値およびその不確かさ σ_B を求める．

⑬　式 (3) より，E [Pa] をそれぞれ計算し，その平均値 $\overline{E}$ を求める．

⑭　求めた 2 つの E より，その平均値の不確かさ $\sigma_{\overline{E}}$ を求める．

⑮　結果を，$\overline{E} \pm \sigma_{\overline{E}}$ [Pa] の形にまとめる．有効数字（2–4）に注意すること．

6.2　考察のヒント（つづき）

（3）　（考察のヒント（1）に代えて）⑮で表される E の測定結果の範囲から参考値がはずれているときは，測定が不適切だった場合もある．考えつく原因があれば具体的に書きなさい．

（4）　実験で測定したのと同じ材料の金属を使って長さ 1 m で直径 1 cm の棒をつくり，鉛直に立てて 1000 N の荷重をかけるとする．棒はどれくらい縮むだろうか．

（5）　ヤング率のデータは実際にどのような場合に使われるのだろうか．わかりやすい例を挙げてみよう．

（6）　この実験から学んだことを考えて書きなさい．

5　金属のずれ弾性率（剛性率）

1　実験概要と目的

　鋼鉄の針金に円環のおもりを鉛直につるしたねじれ振り子を，針金を中心に回転振動させながら，周期を繰り返し測定する．ねじれ振り子の周期，おもりの慣性モーメント，針金の半径と長さの測定値から，針金の接線応力とずれひずみの比であるずれ弾性率（剛性率）を得る．

　キーワード：ねじれ振り子，周期，フック（Hooke）の法則，ずれ弾性率（剛性率）

2　原　　理

　固体の一方を固定し他方の断面積 $A[\mathrm{m}^2]$ にずれの力 $F[\mathrm{N}]$ を加えると，図1のような変形が生じる．接線応力の強さ $f = F/A$ を，ずれひずみを $s = \Delta h/h = \tan\phi \sim \phi$ で表すと，フック（Hooke）の法則より，

$$\frac{F}{A} = G\phi \tag{1}$$

と表される．このずれ変形に対する弾性率 $G[\mathrm{Pa}]([\mathrm{Pa}] = [\mathrm{N/m}^2])$ を**ずれ弾性率**あるいは**剛性率**という．

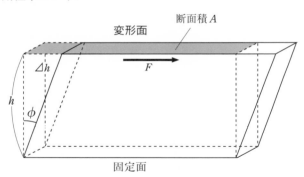

図1　ずれの力とそれによる変形

　このずれ弾性率を求めるために，実験では図2のような**ねじれ振り子**を用いる．

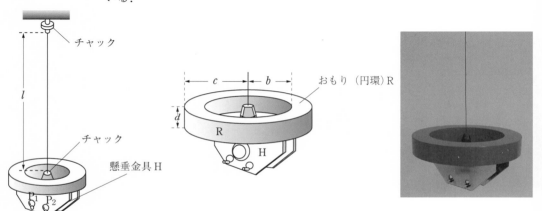

図2　ねじれ振り子（右は写真）

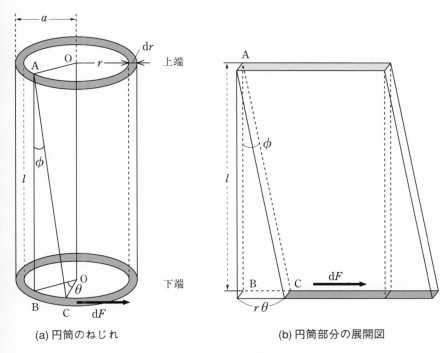

(a) 円筒のねじれ　　　　　　　　(b) 円筒部分の展開図

図 3　針金中の円筒

　長さ l [m]，半径 a [m] の針金の上端面を固定し下端面に外力 dF [N] を加え，角度 θ [rad] だけねじったとする．このとき，図 3(a) のように，針金中で半径が r [m] から $r + $ dr までの部分の厚さ dr の円筒を考える．ねじると円筒の AB 線は AC 線となって角度 ϕ [rad] だけ傾く．変位の大きさは $r\theta$ なので，$\phi = r\theta/l$ と表される．この円筒を展開（切り開いて平面状にする）すると，図 1 とは上下が反対になっただけの形となり，断面積 $2\pi r$dr に外力 dF を加えたずれ変形になる．

　式 (1) にこれらの値を代入すれば，

$$\frac{\mathrm{d}F}{2\pi r \mathrm{d}r} = G\frac{r\theta}{l}$$

したがって，

$$\mathrm{d}F = \frac{2\pi G\theta r^2 \mathrm{d}r}{l}$$

となる．このとき，dF による力のモーメント d$N = r$dF が円筒にはたらく．針金全体にはたらく力のモーメント N [N m] を計算すれば，

$$N = \int_{試料全体} \mathrm{d}N = \int_{試料全体} r\mathrm{d}F = \int_0^a \frac{2\pi G\theta r^3}{l}\mathrm{d}r = \frac{\pi Ga^4\theta}{2l} = \mu\theta$$

となる．ここで，$\mu = \frac{\pi Ga^4}{2l}$ である．

　針金につるしたおもりの回転の運動方程式は，おもりの慣性モーメントを I [kg m^2] とおけば，

$$I\frac{\mathrm{d}^2\theta}{\mathrm{d}t^2} = -\mu\theta$$

となり，典型的な振動運動の運動方程式である．したがって，このときの振動の周期 $T\,[\mathrm{s}]$ は，

$$T = 2\pi\sqrt{\frac{I}{\mu}} = 2\pi\sqrt{\frac{2lI}{\pi Ga^4}} = \sqrt{\frac{8\pi lI}{Ga^4}}$$

であるので，これより G は，

$$G = \frac{8\pi l}{a^4 T^2}I \tag{2}$$

と求めることができる．

　ここで，I はおもりの（質量）×（回転の軸からの距離）^{2} で表すことができる．図 2 の右図のようにおもりをおいたとき，回転軸から距離 $b\,[\mathrm{m}]$ と $c\,[\mathrm{m}]$ の間にすべての質量は含まれている．その計算法および結果は，力学の教科書に述べられており，おもり全体の質量を $M\,[\mathrm{kg}]$ とすれば，

$$I = \frac{1}{2}M(b^2 + c^2) \tag{3}$$

* 「力学 WORKBOOK」156 ページのテーマ 22，問 5 参照.

と表すことができる*．したがって式 (2) は，

$$G = \frac{4\pi lM(b^2 + c^2)}{a^4 T^2} \tag{4}$$

と表される．

3　実験用具リスト

　針金約 1 m，懸垂金具，おもり（円環），ストップウォッチ（3–3A），マイクロメーター（3–1C），メジャー，台ばかり（3–2C）（共通），ノギス（3–1B）

4　実験の手順

① 針金がチャックで懸垂金具 H と他端にしっかり固定されていることを確認してから，おもり R を H の上に水平に吊るす．

② R を水平に約 90° ねじって手をはなし，ねじれ振動を起こさせる．一定の振動を行っているかどうかを確かめてから，ストップウォッチを押す．R に描かれた標線が通過すると同時に 0 回目の合図をし，共同実験者はこの合図によって時刻を読み取る．その後は，ストップウォッチのスプリット機能を用いて，10 回目の通過ごとの時刻を読み取る．回数は同一方向に通

表 1　周期の測定値

番号 i	通過回数 n /回	通過時刻 t_i /m:s	通過時刻 t_i /s
0	0	0 分 22.10 秒	22.10
1	10	2 分 14.83 秒	134.83
2	20	4 分 07.41 秒	247.41
3	30		...
4	40		...
5	50		...

過した回数を数える．このようにして，ストップウォッチを止めることなく，50回まで連続して測定し，表1のように記録する．また，通過時刻を秒単位に改める．

③　針金の長さ l [cm] を3回測定する．

④　針金の直径 $2a$ [mm] をマイクロメーター（3–1C）で3回測定し，1/2をとって半径 a [mm] とする．

⑤　Rの内径 $2b$ [mm]，外径 $2c$ [mm] をそれぞれ3カ所ずつ，大きなノギス（3–1B）で測定し，1/2をとって半径 b [mm]，c [mm] とする．

⑥　Rの質量 M [kg] を台ばかり（3–2C）で3回測定する．

⑦　実験テーマ3の図3（84ページ）のように，横軸に通過回数 n，縦軸に時刻 t のグラフを作る．$t-n$ のグラフの傾きより周期 T [s] を求める．

⑧　l, a, b, c の平均値をそれぞれ求め，単位換算を行ってそれぞれ $\bar{l}$ [m]，$\bar{a}$ [m]，$\bar{b}$ [m]，$\bar{c}$ [m] とする．

⑨　M の平均値を求め，$\bar{M}$ [kg] とする．

⑩　式 (4) より，針金の G [Pa] を計算し，有効数字（2–4）をよく考えて，結果とする．

⑪　鉄（鋼）の G の値は $(7.8 \sim 8.4) \times 10^{10}$ Pa であることが知られている．今回の測定結果をこの参考値と比較する．

ここまで終わったら，指導教員にチェックを受ける．実験器具はまだ片付けないこと．

5　考察のヒント

（1）　今回の測定結果を参考値と比較しなさい．結果が大きく違うときは，測定や計算は正しかったかなど，その原因を考えて考察欄へ具体的に書きなさい．

（2）　針金をねじるための力のモーメントは半径の4乗に比例することを知った．同じ材料を使って，同じ長さで同じ質量の棒とパイプをつくると，どちらがねじれに強いか．

6　より良いレポート作成のために

ここでは，より良いレポートを作成するために，データ解析の方法とさらなる考察のヒントについて書かれている．

6.1　実験の手順（つづき）

不確かさの計算

上の5（1）の考察によって，測定ミスがないことを確認できたら，次に進む．

⑫　最小2乗法（2–8）を用いて，T [s] とその不確かさ σ_T [s] を計算する．

⑬　$\bar{l}$, $\bar{a}$, $\bar{b}$, $\bar{c}$, $\bar{M}$ の不確かさ $\sigma_{\bar{l}}$ [m]，$\sigma_{\bar{a}}$ [m]，$\sigma_{\bar{b}}$ [m]，$\sigma_{\bar{c}}$ [m]，$\sigma_{\bar{M}}$ [kg] をそれぞれ求める（2–5参照）．

【注意】　測定装置のゼロ点の値を計算に含めることを忘れない．

【注意】　計算は単位の換算をしてから行う．正確な単位換算ができることは，非常に重要である．

【注意】　レポートでは，文章によって表，グラフ，結果，考察などを説明することが重要である．数値，表，グラフなどを単に並べたものはレポートと呼べない．1–9のレポートの例を参考にしなさい．

【注意】　T 以外は測定が数回なので読み取りの不確かさを計算に含めることを忘れない．基礎測定Aの6.1を参照せよ．

⑭　間接測定における不確かさの計算法（2–7）に従って G [Pa] およびその不確かさ σ_G [Pa] を計算する．

⑮　結果を，$G \pm \sigma_G$ [Pa] の形にまとめる．有効数字（2–4）に注意すること．

6.2　考察のヒント（つづき）

（3）（考察のヒント（1）に代えて）⑮で表される G の測定結果の範囲から参考値がはずれているときは，測定が不適切だった場合もある．考えつく原因があれば具体的に書きなさい．

（4）ずれ弾性率のデータは実際にどのような場合に使われるのだろうか．わかりやすい例を挙げてみよう．

（5）この実験から学んだことを考えて書きなさい．

6 水の粘性係数

1 実験概要と目的

　水には粘性があり，水を流す力に釣り合う粘性抵抗力が水の内部に作用すると，流れの速度が増加しなくなる．このテーマでは，細いガラス管の内径と長さを測定し，それを傾けて管内の水に圧力差を与えて流す．一定体積の水が流れる時間を測定することにより，水の粘性の強さを表す粘性係数を得る．

　キーワード：粘性係数

2 原　理

　液体，気体を総称して**流体**という．**流体**には「ねばっこさ」があり，この性質を**粘性**という．粘性の大きさを**粘性係数**とよび，この実験では，細いガラス管内に水を流して，水の粘性係数 μ[Pa s] を求める．

　図1に示すように，半径 a[m]，長さ l[m] の円管の両端に圧力差 $\Delta p = p_1 - p_2$[Pa] が作用し，流体が渦を形成せずに左から右へ直線的に流れている場合を考える（このような流れを**層流**という）．このとき，流速 v[m/s] は管の中心で最も速く，管壁に近づくにつれて減少し，管壁では $v = 0$ m/s となる．流速が比較的遅いとき，流速分布は，図1に示すように放物線を描くことが知られている．*

* このような流れを**ポアズイユ流**という．

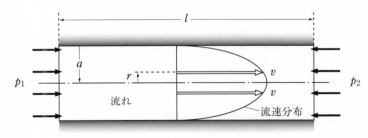

図1　円管中の層流

　この円管を単位時間当たりに流れる流量を Q[m³/s] とすると，

$$Q = \frac{\Delta p}{\left(\dfrac{8l}{\pi a^4}\mu\right)} \tag{1}$$

の関係がある（詳しくは参考を見よ）．式 (1) は，以下に述べるように，オームの法則と対応づけると理解しやすい．4.2 基礎測定Bで述べたように，電気抵抗 R[Ω] の導体に電圧 V[V] をかけて，I[A] の電流が流れるとき，オームの法則より，

$$I = \frac{V}{R} \tag{2}$$

が成り立つ．式 (1) と (2) を見比べて，電流 I を流量 Q，電圧 V を圧力差 Δp に対応させる．したがって，電気抵抗 R は $\dfrac{8l}{\pi a^4}\mu$ に対応しており，この項が流

体の流れにくさを表している．つまり，流体の流れにくさは，粘性係数 μ に比例している．さらに，管の長さ l が長いほど，また管の半径 a が小さいほど流れにくいことを示しており，このことは，私たちが日常的に経験することである．*

本実験では，体積 $V[\mathrm{m}^3]$ の水が流れる時間 $t[\mathrm{s}]$ を測定する（先ほどまでは，電圧を V と表していたが，これ以降は体積を V と表す）．流量は $Q = V/t$ と書けるので，式 (1) を変形して，

$$\mu = \frac{\pi a^4 \Delta p}{8lV} t \tag{3}$$

が得られる．

3 実験用具リスト

ガラス管 $30\,\mathrm{cm}$，ビーカー，コック付球状容器，シリコンゴム管，トースカン，金属製ものさし $60\,\mathrm{cm}$，スタンド 2 種類，穴付支持具，スポイドのゴム，ストップウォッチ（3–3A），電子天秤（3–2B）（共通）

4 実験の手順

① 図 2 に示すように，上端にコックのついた球状容器の下端にガラス管をつないだものを実験に用いる．

② 水槽に球状容器を浸して，水を標線 A，B 間に完全に入れてコックを閉じる．次に，容器下端にシリコンゴム管を使ってガラス管をつなぎ，図のように傾けてスタンドで支える．

③ ストップウォッチをスタートさせ，コックを開ける．標線 A を水の表面が通過すると同時に時刻 t_0 を測定し，水を流下させて水の表面が標線 B を通過すると同時に時刻 t_1 を測定する．水が流れるのにかかった時間 $t = t_1 - t_0$ を求める．

④ ガラス管の下端の高さ $h_0\,[\mathrm{m}]$，球状容器の標線 B の高さ $h_1\,[\mathrm{m}]$ および標線 A の高さ $h_2\,[\mathrm{m}]$ をトースカンを利用して測定し，ガラス管の下端から球状容器平均水面までの高さ $h\,[\mathrm{m}]$ を $h = \frac{1}{2}(h_1 + h_2) - h_0$ で求める．

⑤ ガラス管の上下の圧力差 $\Delta p = \rho g h\,[\mathrm{Pa}]$ を計算する．ただし，$\rho = 1.00 \times 10^3\,\mathrm{kg/m^3}$ とする．g の値は付表 4 を参照せよ．

⑥ ②～⑤の実験をもう 1 度行う．

⑦ ガラス管の長さを数回測定して，その平均値を $\bar{l}\,[\mathrm{m}]$ とする．

⑧ ガラス管の内半径 $a\,[\mathrm{m}]$ を以下の手順で測定する．

1) 空のビーカーの質量 $m_1[\mathrm{kg}]$ を電子天秤で $1\,\mathrm{mg}$ の値まで測定する．

2) スポイドを用いてガラス管内に水をいっぱいに満たした後，管内の水を注意深くすべてビーカーに移し，水の入ったビーカーの質量 $m_2\,[\mathrm{kg}]$ を電子天秤で $1\,\mathrm{mg}$ の値まで測定し，水の質量 $m = m_2 - m_1\,[\mathrm{kg}]$ を求める．

3) $m = \pi a^2 l \rho$ なので，$a = \sqrt{\dfrac{m}{\pi \rho l}}$ を求める．ただし，$\rho = 1.00 \times 10^3\,\mathrm{kg/m^3}$ とする．

*単位長さ，単位断面積あたりに流れる電流の抵抗を抵抗率 $\rho[\Omega \cdot \mathrm{cm}]$ と呼ぶ．長さ l，半径 a の導体棒の電気抵抗は，$R = \rho \dfrac{l}{\pi a^2}$ と表される．したがって，電気抵抗と流体の流れにくさの機構は異なる．このことに注意してほしい．

【注意】 計算は単位の換算をしてから行う．正確な単位換算ができることは，非常に重要である．

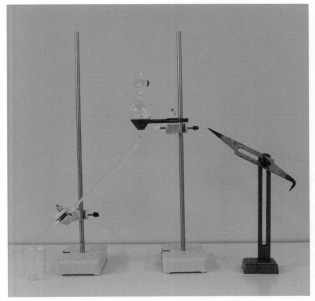

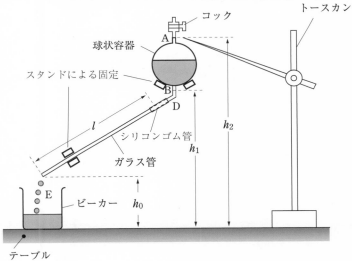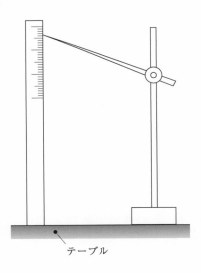

図 2 実験装置（上は写真）

⑨ 標線 A から標線 B までの球状容器の $V \pm \sigma_V\,[\mathrm{cm}^3]$ はすでに求められ，容器に記載してある．2 回の測定ごとに得た測定値より，式 (3) を用いて，2 つの値 μ_1，μ_2 を求める．μ_1 と μ_2 の値が大きく違った場合は，さらにもう 1 回実験を行う．

⑩ μ_1，μ_2 を平均して $\overline{\mu}$ を計算し，有効数字 (2–4) をよく考えて，結果とする．

⑪ 水の粘性係数の値は，20 ℃ において $\mu = 1.002 \times 10^{-3}$ Pa s と正確に測定されている（付表 8 を参照）．今回の測定結果をこの参考値と比較する．

ここまで終わったら，**指導教員にチェックを受ける．実験器具はまだ片付けないこと．**

5　考察のヒント

（1）　今回の測定結果を参考値と比較しなさい．結果が大きく違うときは，測定や計算は正しかったかなど，その原因を考えて考察欄へ具体的に書きなさい．

（2）　この実験で直接測定した物理量のなかで，最も大きい不確かさを含む可能性が高い量は何か．その測定ではどのような注意をしたか書きなさい．

【注意】　レポートでは，**文章**によって表，グラフ，結果，考察などを説明することが重要である．数値，表，グラフなどを単に並べたものはレポートと呼べない．1–9 のレポートの例を参考にしなさい．

6　より良いレポート作成のために

ここでは，より良いレポートを作成するために，データ解析の方法とさらなる考察のヒントについて書かれている．

6.1　実験の手順（つづき）

不確かさの計算

上の 5（1）の考察によって，測定ミスがないことを確認できたら，次に進む．

⑫　$\overline{\mu}$ の平均値の不確かさ $\sigma_{\overline{\mu}}$ [Pa s] を計算する（2–5 参照）．

⑬　結果を $\overline{\mu} \pm \sigma_{\overline{\mu}}$ [Pa s] とまとめる．有効数字（2–4）に注意すること．

6.2　考察のヒント（つづき）

（3）　（考察のヒント（1）に代えて）⑬で表される μ の測定結果の範囲から参考値がはずれているときは，測定が不適切だった場合もある．考えつく原因があれば具体的に書きなさい．

（4）　水の粘性係数のデータは実際にどのような場合に使われるのだろうか．わかりやすい例を挙げてみよう．

（5）　管の内径がもとの 90% になったら流量は何%になるか計算しなさい．それが，血管の内壁にコレステロールが付着して動脈硬化になり血流が減少する原因の 1 つになっている．

（6）　μ_1 の不確かさを σ_1，μ_2 の不確かさを σ_2 とする．σ_1 と σ_2 を求めよ．さらに，重み付き平均（2–9）にある式 (51) で定義された合成された不確かさ，および式 (52) で定義された最良推定値を計算し，真値の推定値を求めよ．

（7）　この実験から学んだことを考えて書きなさい．

参　考

ここでは，式 (1) の導出を行う．流速の異なる流体の境界面には，流れの方向に沿って粘性力 f[N] が作用する．f は境界面の面積 A[m^2] と境界面に垂直な方向（これを r 方向とする）の流速分布 $\dfrac{\mathrm{d}v}{\mathrm{d}r}$ に比例し，

$$f = -\mu A \frac{\mathrm{d}v}{\mathrm{d}r} \tag{4}$$

の関係が成り立つ．

図 1 のように，管内の流れが層流であるとき，流体の速度 v[m/s] は，管の中心で最も大きく，管壁に近づくにつれて減少し，管壁では $v = 0$ m/s となる．

流量が一定のとき，f と圧力差による力がつり合うことを使うと，次式が得られる．

$$v = \frac{\Delta p}{4l\mu} \left(a^2 - r^2\right) \tag{5}$$

式 (5) より，v は中心軸からの距離 r[m] だけの関数になっており，その分布は図 1 のように放物線を描くことがわかる．これを用いて，単位時間当たりに通過する流体の体積 Q[m³/s] は，

$$Q = \int_0^a 2\pi r v \mathrm{d}r = \frac{2\pi\Delta p}{4l\mu} \int_0^a \left(a^2 - r^2\right) r \mathrm{d}r = \frac{\pi}{8\mu} \left(\frac{\Delta p}{l}\right) a^4 \tag{6}$$

となり，式 (1) が得られる．この関係をハーゲン-ポアズイユ (Hagen-Poiseuille) の法則という．

7　気柱の共鳴と音波の周波数

1　実験概要と目的

　気柱に音波を入射しながら気柱の長さを変えると，入射音波と反射音波の定常波ができて共鳴するときがある．その気柱の長さから音波の波長を測定し，そのときの気温での音速と合わせて，周波数を得る．

　キーワード：気柱，共鳴，定常波，音波の周波数

2　原　　理

　物体が振動すると，その物体が音源となって空気の振動が周囲に疎密波として伝わっていく．これが音波である．波の媒質（音波の場合は空気）が1回振動するのに要する時間 T [s] を**周期**，1秒間に振動を繰り返す回数 f を**振動数**（または**周波数**）と呼ぶ．f の単位は Hz（ヘルツ）が用いられる．振動数が f [Hz] のとき1回振動するのに要する時間は $1/f$ [s] であるから，T と f の間には

$$T = \frac{1}{f} \tag{1}$$

の関係が成り立つ．また，波の隣り合う山と山（谷と谷）の間の間隔を**波長** λ [m] と呼ぶ．波の速さを V [m/s] とすると，波が距離 λ 進むのに T [s] かかるから，

$$V = \frac{\lambda}{T} = f\lambda \tag{2}$$

の関係があることがわかる．

　いま，図1のような気柱（空気の柱）を考える．図1の気柱の正弦波は，空気の疎密波であり，その振幅は空気の密度を表している．気柱などの物体が自由に振動できる場合，物体は固有に決まった振動数で振動する．この振動数を**固有振動数**という．固有振動数と同じ振動数の外力を物体に加えると大きく振動する．これが**共振**である．音の場合は**共鳴**ともいう．図1の気柱に外部から振動数 f の音波を入射すると，f が気柱の固有振動数と等しくなったとき，共鳴が起こり共鳴音が強く聞こえる．

　気柱に入射した音波は，管の底で反射した音波と重なり合う．このような波を**定常波（定在波）**と呼ぶ．定常波が生じたときの音波の振動数が固有振動数であり，このとき共鳴が起きている．定常波の振幅が最も大きい点を**腹**といい，まったく振動しない点を**節**という．気柱の開口端部分の空気は自由に振動でき，閉口端に接した部分の空気は振動できないので，管内に生じる定常波は開口端が腹，閉口端が節となる．このようすを図1に示す（音波は縦波であるが，わかりやすくするため管内の干渉波は横波で示した）．定常波が生じるのは，気柱の長さ $l_i(i=1,2,3,\cdots)$ [m] が，$\lambda/4$ の奇数倍の長さのときなので，

$$l_i = (2i-1)\frac{\lambda}{4} \tag{3}$$

となる．実際の現象では開口端から少し出たところが腹となる（図1）．この開口端から腹までの距離 δ（開口端補正）を考慮すると，式 (3) は

（欄外）入射波と反射波はたがいに逆方向に進むが入射波と反射波が重なると，どちらにも進行しない波が生じることがある．

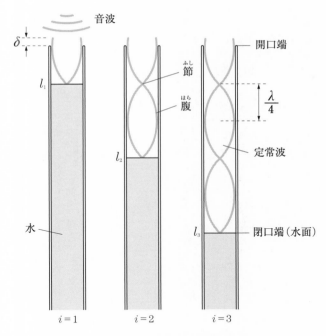

図1 気柱が共鳴した状態

$$l_i = (2i-1)\frac{\lambda}{4} - \delta \tag{4}$$

となり，この条件が満たされるとき共鳴が起こる．ここで i は腹の数に対応することに注意しよう．

実際の実験では δ の測定は困難であるので，共鳴を起こす管の位置 l_1, $l_2, \cdots$ を測定して，i と l_i の関係から λ と δ を同時に求める．

一方，音波の伝播速度 V（音速）の温度 $t\,[{}^\circ\mathrm{C}]$ による変化はよく調べられており，$0\,{}^\circ\mathrm{C}$ における音速を V_0 として

$$V = V_0(1 + 0.00183t) \tag{5}$$

と表わされる．ここで，$V_0 = 331.45\,\mathrm{m/s}$ である．式 (2) と (5) より，振動数 f を

$$f = \frac{V_0}{\lambda}(1 + 0.00183t) \tag{6}$$

で求めることができる．

3 実験器具リスト

マイクロフォン，オシロスコープ（3–6D），音源，気柱，スタンド，水だめ，ビニール管，聴診器

4 実験の手順

① マイクロフォンの出力コネクターをオシロスコープの入力コネクターにつなぎ，マイクロフォンのスイッチを入れる．オシロスコープの扱い方は，3–6D の説明に従う．

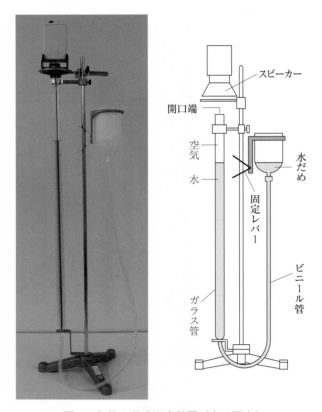

図2　気柱の共鳴測定装置（左は写真）

② オシロスコープの電源を入れ，縦軸と横軸のスケールを次のように設定する．
縦軸：50 mV/DIV，横軸：250 μs/DIV

音源となる発振器のスイッチを入れ，スピーカーの音をマイクロフォンで受け，音の波形をオシロスコープの画面で観測できるようにする．縦軸と横軸のスケールは見やすいように適切に変え，発振器のつまみで音の高低を変えてみて，周期が変わることを確認する．

③ オシロスコープの画面に表示されている周波数が，1200〜1500 Hz になるように発振器のつまみを微調整し，周波数を数回測定し，その平均を $\overline{f}_0$[Hz] とする．

④ オシロスコープの画面と目盛をノートに写し取るとともに，周期を測定し，周波数を計算する．この値が，$\overline{f}_0$ と有効数字の範囲内で一致することを確認する．以後の測定は発振器のつまみを固定し，周波数を変更しないで行う．

⑤ 実験は図2に示すような装置を用い，これに，音源となるスピーカーをスタンドで図の位置にセットする．

⑥ 実験開始時の室温を測定し，t_1[°C] とする．

⑦ 実験装置（図2）の水だめをゆっくり引き上げて水位を開口端近くまで上げる．次に，水位をゆっくりと下げ，最も強く聞こえる共鳴点を探す．共鳴点の近くで液面を上下して最大の共鳴音となる位置を測定し，l_1[cm] と

する．さらに液面をゆっくり下げ，同様の方法で，順に l_2, l_3, l_4, l_5, と共鳴点の位置を読み取り，表 1 のように記録する＊．この測定を 5 回行う．

⑧ 測定終了時の室温を測定し，$t_2\,[{}^\circ\mathrm{C}]$ とする．

⑨ l_1, l_2, l_3, l_4, l_5 の 5 回の測定値をそれぞれ平均して，その平均値をそれぞれ $\bar{l}_1$, $\bar{l}_2$, $\bar{l}_3$, $\bar{l}_4$, $\bar{l}_5$ とする．また，t_1 と t_2 の平均を $\bar{t}\,[{}^\circ\mathrm{C}]$ とする．

⑩ 横軸に $X_i = 2i - 1$ $(i = 1, 2, \cdots, 5)$，縦軸に $Y_i = \bar{l}_i$ をとって，図 3 のようなグラフを描く．グラフが図のように直線にならないときは，教員に相談する．

⑪ グラフの直線の傾きを有効数字を考えて求める．式 (4) より，この値は $\lambda/4$ と等しいので，傾きの値を 4 倍して $\lambda\,[\mathrm{cm}]$ とする．また式 (4) より直線の切片は，$-\delta$ となることから，$\delta\,[\mathrm{cm}]$ を求める．

⑫ 式 (6) より，音波の周波数 $f\,[\mathrm{Hz}]$ を計算し，有効数字（2–4）をよく考えて，結果とする．

⑬ ③で得た $\bar{f}_0$ と⑫で得た周波数を比較する．

＊ l_i の値を目盛の 1/10 まで読み取るのは困難であろう．1 mm の位まで読み取って記録する．

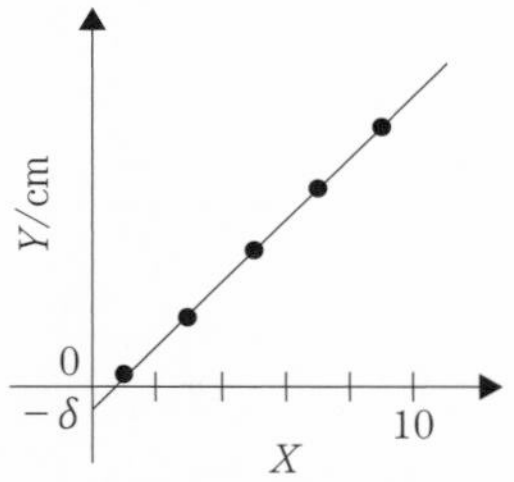

図 3　共鳴する気柱の長さ

【注意】　計算は単位の換算をしてから行う．正確な単位換算ができることは，非常に重要である．

表 1　共鳴を起こした気柱の長さ

回数	l_1 /cm	l_2 /cm	l_3 /cm	l_4 /cm	l_5 /cm
1	3.5	...	...	...	...
2	...	...	...	...	...
3	...	...	...	...	...
4	...	...	...	...	...
5	...	...	...	...	...
計	...	...	...	...	...

ここまで終わったら，指導教員にチェックを受ける．実験器具はまだ片付けないこと．

5　考察のヒント

（1）　③で得た $\bar{f}_0$ と⑫で得た周波数を比較しなさい．結果が大きく違うときは，測定や計算は正しかったかなど，その原因を考えて考察欄に具体的に書きなさい．

（2）　自分が普段話すときの音は何ヘルツくらいだろうか．マイクとオシロスコープで大体知ることはできる．例えばドの音でもよい．その波長はどれくらいだろうか．共鳴する気柱の長さは何 cm くらいだろうか．

（3）　音波は音速で伝わっている．この実験では，音波を追いかけることなく，その波長を測定している．なぜ追いかけなくてもよいか考えなさい．

（4）　図 1 の気柱の疎密波の振幅はどんな量か．その波はどのように伝わるか．

6　より良いレポート作成のために

ここでは，より良いレポートを作成するために，データ解析の方法とさらなる考察のヒントについて書かれている．

【注意】　レポートでは，文章によって表，グラフ，結果，考察などを説明することが重要である．数値，表，グラフなどを単に並べたものはレポートと呼べない．1–9 のレポートの例を参考にしなさい．

6.1　実験の手順（つづき）
最小 2 乗法および不確かさの計算
　上の 5（1）の考察によって，測定ミスがないことを確認できたら，次に進む．

⑭　最小 2 乗法（2–8）を用いて，$Y = A + BX$ の A と B を計算し，$\lambda = 4B$ および A の不確かさ σ_A [cm] を計算し，$\sigma_\delta = \sigma_A$ [cm] を求める．

⑮　B の不確かさ σ_B [cm] を計算し，$\sigma_\lambda = 4\sigma_B$ [cm] を求める．

⑯　間接測定における不確かさの計算法（2–7）に従って，f およびその不確かさ σ_f [Hz] を計算する．

⑰　結果を，$f \pm \sigma_f$ [Hz] のようにまとめる．有効数字（2–4）に注意すること．

6.2　考察のヒント（つづき）
（5）（考察のヒント（1）に代えて）⑰の結果と③の結果を比べて測定結果の範囲からはずれているときは，測定が不適切だった場合もある．考えつく原因があれば具体的に書きなさい．

（6）音は空気の波と聞いても実感はしづらいが，今回の実験で，実際に「波長」があることを「共鳴」で確認した．ほかに，音の波を実感できる現象があるだろうか．

（7）さらに正確に f の値を求めるためには，実験装置や実験・データ解析のやり方をどのように改善すればよいであろうか，考えて書きなさい．

（8）この実験から学んだことを考えて書きなさい．

8 弦の共振と交流の周波数

1 実験概要と目的

電磁石に交流電流を流すと磁力が周期的に変化して，電磁石に近づけた弦が振動する．磁力と弦の振動が共振して定常波ができたときの弦の長さと線密度および張力を測定して，交流電流の周波数を得る．

キーワード：弦，共振，定常波，交流周波数

2 原　理

ギターやバイオリンのように，ピンと張った弦の両端を固定して中央部をはじくと，一定の高さの音が出る．これは，弦を伝わる横波が両端で反射されて何度も往復しているうちに，図1のような特定の波長の**定常波**ができるからである．この定常波の振動数を**固有振動数**という．固有振動数と同じ振動数の外力を物体に加えると大きく振動する．これが**共振**である．

図1の場合，弦の両端が固定されているので，両端が定常波の節になる．弦の長さを $l\,[\mathrm{m}]$，定常波の腹の数を m 個とすると，波の波長は，

$$\lambda_m = \frac{2l}{m} \tag{1}$$

となる．これらの定常波による振動が弦の固有振動である．特に，固有振動のうち $m = 1$ のものを基本振動といい，その波長は，

$$\lambda_1 = 2l \tag{2}$$

である．

弦を伝わる波の速さを $V\,[\mathrm{m/s}]$，波長を $\lambda\,[\mathrm{m}]$，振動数 $\nu\,[\mathrm{Hz}]$ とすると，これらの間には，

$$V = \lambda\nu \tag{3}$$

の関係が成り立つ．したがって基本振動による弦の固有振動数は，式 (2), (3) より，

$$\nu = \frac{V}{2l} \tag{4}$$

となる．

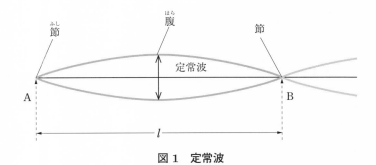

図1　定常波

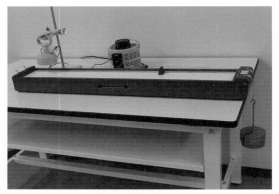

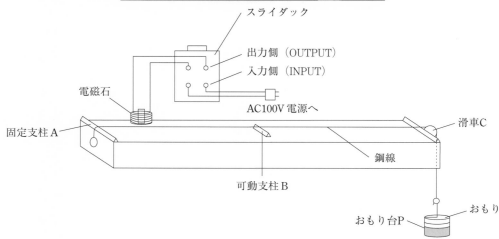

図2　実験装置（上は写真）

　一方，V は，弦の張力を $T\,[\mathrm{N}]$，長さ 1 m あたりの質量（**線密度**）を $\rho\,[\mathrm{kg/m}]$ とすると，

$$V = \sqrt{\frac{T}{\rho}} \tag{5}$$

で表されることが知られている．式 (4)，(5) より，定常波の振動数 ν は，

$$\nu = \frac{1}{2l}\sqrt{\frac{T}{\rho}} \tag{6}$$

で与えられる．

　弦の固有振動との共振現象を利用して，交流電源の周波数を得る方法を考えよう．図 2 に示すように，一端を固定した鋼線を固定支柱 A，可動支柱 B および滑車 C を経て他端におもり台 P を吊るして張る．P におもりをのせ，合計質量 $M\,[\mathrm{kg}]$ で張ると鋼線の張力の大きさは，重力加速度の大きさを $g\,[\mathrm{m/s^2}]$ とすれば，$T = Mg\,[\mathrm{N}]$ となる．共振状態のとき，A と B の距離が l となる．また ρ は，使用する弦と同じ太さと材質の鋼線の断片を用意しておき，その質量 $m\,[\mathrm{kg}]$，長さ $x\,[\mathrm{m}]$ を測定することで，$\rho = m/x\,[\mathrm{kg/m}]$ として求まる．

弦を振動させる外力として，交流電流を流した電磁石から鋼線に作用する磁力を用いる．交流電源からは周期的に向きの変わる電流が流れ出ており，その周波数を f [Hz] とする．電磁石は流れる電流の向きに関係なく鋼線を引きつける力をおよぼすから，交流の1周期で弦を2回振動させる．したがって，f と外力の振動数 ν とは，

$$\nu = 2f \tag{7}$$

の関係がある．

これらを式 (6) に代入すると，f は，

$$f = \frac{1}{4l}\sqrt{\frac{Mgx}{m}} \tag{8}$$

と表される．

3 実験器具リスト

スライダック（3–6C），100 V 電源コード，電磁石，電磁石用配線コード，測定台，可動支柱，鋼線約 1.5 m 1 本，おもり台 P，おもり3個（それぞれのおもりを W_1，W_2，W_3 とする），スタンド，鋼線の断片1本，台ばかり（共通，3–2C），電子天秤（共通，3–2B）

4 実験の手順

① 図2の実験装置で，鋼線を固定支柱 A，可動支柱 B および滑車 C を経て，その他端におもり台 P およびおもり W_1 を吊り下げる．

② スタンドを動かして電磁石を A より約 15 cm の位置で鋼線の真上に固定する．スタンドの柱の部分で電磁石を上下させて，電磁石の先端が弦から 0.5～1 cm の位置にくるように調節する．

③ スライダックの目盛が 0 V になっていることを確かめてから，AC100 V 電源に接続する．次にスライダックの目盛を約 10 V にする．

【注意】 スライダックの目盛を 10 V 以上にすると，大電流が流れて電磁石が故障する．

④ B を静かに動かしていくと鋼線が交流に共振して自然に振動を始める．振幅が最大で定常的な振動となるように B の位置を調節する．

⑤ A と B の間の距離を測定する．この操作を数回行い，その測定値を平均して l_1 [cm] とする *.

⑥ 同様な操作をさらにおもり W_2 をかけた場合で行い，⑤と同じ実験を行って，結果を l_2 [cm] とする．

⑦ 同様な操作をさらにおもり W_3 をかけた場合で行い，⑤と同じ実験を行って，結果を l_3 [cm] とする．

* l の値を目盛の 1/10 まで読み取るのは困難であろう．1 mm の位まで読み取って記録する．

⑧ P の質量 M_0 [g] と W_1，W_2，W_3 の質量（それぞれ M_1 [g]，M_2 [g]，M_3 [g]）を台ばかりで測定する．

⑨ 鋼線の断片をよく伸ばしてその長さを3回測定し，平均して x [cm] とする．

⑩ 鋼線の断片の質量を電子天秤で 1/1000 g まで3回測定し，その平均値を m [g] とする．

⑪ $M = M_0 + M_1$，$l = l_1$，x，m を用いて f を式 (8) で計算し，結果を f_1 [Hz] とする．g の値は付表4を参照せよ．また，$M = M_0 + M_1 + M_2$，

【注意】　計算は単位の換算をしてか
ら行う. 正確な単位換算ができること
は, 非常に重要である.

　　　$l = l_2$, x, m, および $M = M_0 + M_1 + M_2 + M_3$, $l = l_3$, x, m につい
　　　ても同様に計算し, 求まった f をそれぞれ $f_2\,[\mathrm{Hz}]$ および $f_3\,[\mathrm{Hz}]$ とする.
⑫　f_1, f_2, f_3 を平均して $\overline{f}\,[\mathrm{Hz}]$ を求め, 有効数字をよく考えて, 結果とする.
⑬　西日本の f の値は $60.0\,\mathrm{Hz}$ である（東日本は $50.0\,\mathrm{Hz}$）. 今回の測定結果を
　　　この参考値と比較する.

ここまで終わったら, 指導教員にチェックを受ける. 実験器具はまだ片付けないこと.

5　考察のヒント

（1）　今回の測定結果を参考値と比較しなさい. 結果が大きく違うときは,
　　　測定や計算は正しかったかなど, その原因を考えて考察欄に具体的に書
　　　きなさい.

（2）　共振が起こっているときに, 可動支柱を動かして弦の長さを 2 倍にす
　　　るとどんな振動が起こるだろうか（試してみればわかる）.

（3）　弦を波が伝わるとき, 式 (3) の関係が成り立つ. 弦の張力を大きくし
　　　たとき, 3 つの量 V, λ, ν の何がどのように変化したか考えなさい.

【注意】　レポートでは, **文章**によっ
て表, グラフ, 結果, 考察などを説明
することが重要である. 数値, 表, グ
ラフなどを単に並べたものはレポート
と呼べない. 1–9 のレポートの例を参
考にしなさい.

6　より良いレポート作成のために

　ここでは, より良いレポートを作成するために, データ解析の方法とさらな
る考察のヒントについて書かれている.

6.1　実験の手順（つづき）

不確かさの計算

　上の 5（1）の考察によって, 測定ミスがないことを確認できたら, 次に進む.
⑭　$\overline{f}$ の平均値の不確かさ $\sigma_{\overline{f}}$ を計算する（2–5 参照）.
⑮　結果を, $\overline{f} \pm \sigma_{\overline{f}}\,[\mathrm{Hz}]$ のようにまとめる. 有効数字（2–4）に注意すること.

6.2　考察のヒント（つづき）

（4）　（考察のヒント（1）に代えて）⑮で表される f の測定結果の範囲から
　　　参考値がはずれているときは, 測定が不適切だった場合もある. 考えつ
　　　く原因があれば具体的に書きなさい.

（5）　弦の振動を決める 3 つの要素について調べて書きなさい.

（6）　今回の実験では, 何と何が共振したのだろうか. 弦は鉛直方向に振動
　　　していたか, それとも水平方向に振動していたか. なぜ, 式 (7) のよう
　　　に, 弦の共振周波数 ν は, 交流の周波数 f の 2 倍なのか, 考えて書きな
　　　さい.

（7）　さらに正確に f の値を求めるためには, 実験装置や実験・データ解析
　　　のやり方をどのように改善すればよいであろうか, 考えて書きなさい.

（8）　この実験から学んだことを考えて書きなさい.

9　熱電対の熱起電力

1　実験概要と目的

　熱電対は温度を計測する機器の1つである．ここではクロメル・コンスタンタン熱電対の熱起電力の温度変化を測定する．いろいろな温度での熱起電力を測定して，熱起電力と温度の関係を表す式を得る．

キーワード：熱電対，熱起電力

2　原　　理

　図1のように，1本の金属線の両端に温度の差を作ると，金属内の自由電子が高温側から低温側に移動する．温度差を一定に保つと電子がわずかにかたよって移動が止まり，高温側がプラスとなる小さな電位差が発生する．これを熱起電力と呼ぶ．熱起電力の大きさは金属によって異なる．

図1　熱起電力

　図2のように，種類の違う2本の金属線の一端を接合した上で高温 T [°C] に保ち，他端を開放したままで低温の同じ温度 T_0 [°C]（例えば氷と水が共存する0°C）に保つと，2種の金属の熱起電力の違いが開放した端の間に電位差 V になって現れる．このような2種の金属が接合した物を**熱電対**という．一般に，熱電対の熱起電力 E は，$T_0 = 0$°C とすると，簡単な2次式，

$$E(T) = \alpha T + \frac{1}{2}\beta T^2 \tag{1}$$

で表せる．ここで，α, β は金属の組み合わせ方で決まる定数である．したがって，$T_0 = 0$°C ではないときには，T, T_0, V の間には，

$$V = E(T) - E(T_0) = \alpha(T - T_0) + \frac{1}{2}\beta(T^2 - T_0^2) \tag{2}$$

の関係がある．

　実験ではクロメル（クロムとニッケルの合金）とコンスタンタン（銅とニッケルの合金）を組み合わせた熱電対について，T, T_0 と V の関係を調べ，式 (2) の α, β を求める．このために，図3のように，電気炉で接合端の温度 T を制

【参考】　図2の低温側の端子を直接（または第3の金属を使って）つなぐと，温度差によるエネルギー授受がもとになって閉回路内を電流が流れる．この現象はゼーベック効果と呼ばれる．第3の金属が電圧計であるときも針を振らせるのに十分な電流が流れている．オームはこのような熱起電力を電源に使ってオームの法則を確立したとのエピソードがある．

図2　熱電対

御し，ミリボルト計で開放端の電圧 V を測定する．T_0 は室温とする．α, β を決めるには，2つの異なる（高温度，低温度，電圧）の測定値の組 (T_i, T_{0i}, V_i) と (T_j, T_{0j}, V_j) が必要である．これらを式 (2) に代入すれば，α, β を未知数とする連立1次方程式になるので，それを解く．

3　実験器具リスト

　熱電対，電気炉，デジタル温度計付き電気炉コントローラー，ミリボルト計，アルコール温度計（共通），扇風機，熱電対固定用スタンド，グラスウール栓

4　実験の手順

① 　熱電対の2本のリード線をミリボルト計に，(+) 端子どうし，(−) 端子どうしをつなぐ．熱電対の (+) 端子には赤印がつけてある．

② 　電気炉のコントローラの炉内温度調整つまみを最低温度位置（左にまわしきった位置）に置き，電源スイッチが off であることを確認した後，電源プラグを AC100 V につなぐ．

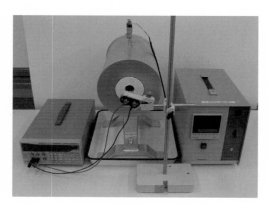

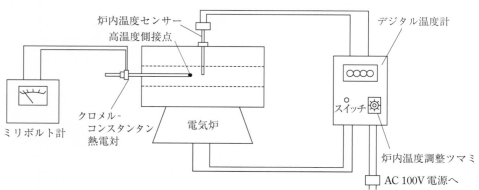

図3　熱起電力測定の実験装置（上は写真）

③ 　熱電対の高温度側接点を電気炉の中心に置く．低温度側はおおよそ室温に保つとし，アルコール温度計でその温度を読めるようにする．ここまでが準備である．

④ 　電源スイッチを on にし，炉内温度調整つまみを右にすこしずつ回して，

デジタル温度計で監視しながら，炉内の温度を上げて約 100 °C にする．

⑤　5 分程度待ち，デジタル温度計の指示が落ち着いたら，デジタル温度計の指示 T_1 [°C] とそのときの熱起電力（ミリボルト計の指示）V_1 [mV] を読み取る．同時に，室温 T_{01} [°C] をアルコール温度計で読む．

⑥　炉内温度を約 500 °C まで，約 80 °C ずつ 5 ステップで上げて，それぞれのステップで⑤と同じ測定をする．炉内温度 $T_1, T_2, \cdots, T_6$ [°C]，熱起電力 $V_1, V_2, \cdots, V_6$ [mV]，室温 $T_{01}, T_{02}, \cdots, T_{06}$ [°C] のデータ表を作る．また同時に，横軸を炉内温度 T，縦軸を熱起電力 V とするグラフを図 4 のように描く．

⑦　測定終了後は直ちに炉内温度調整つまみを左に回してから，スイッチを off にする．その後熱電対を取り出し，炉内に扇風機で空気を送って温度を下げる．

⑧　第 1 回と第 4 回の測定結果を組み合わせて，式 (2) をもとに，α と β を計算したい．このとき，室温はほとんど変わらないので，$T_0 = (T_{01} + T_{04})/2$ として計算すれば，計算式（連立 1 次方程式の解）は，

$$\alpha = \frac{\dfrac{V_1(T_4 + T_0)}{T_1 - T_0} - \dfrac{V_4(T_1 + T_0)}{T_4 - T_0}}{T_4 - T_1}$$

$$\beta = \frac{\dfrac{2V_4}{T_4 - T_0} - \dfrac{2V_1}{T_1 - T_0}}{T_4 - T_1} \tag{3}$$

のようになる．これらの値を α_{14} と β_{14} とする．

⑨　同様にして，第 2 回と第 5 回の測定結果を組み合わせて α_{25} と β_{25} を，第 3 回と第 6 回の測定結果を組み合わせて α_{36} と β_{36} を計算する．

⑩　$\alpha_{14}, \alpha_{25}, \alpha_{36}$ の平均値 $\overline{\alpha}$ [mV/°C] を求め，有効数字をよく考えて，結果とする．

⑪　$\beta_{14}, \beta_{25}, \beta_{36}$ の平均値 $\overline{\beta}$ [mV/°C^2] を求め，有効数字をよく考えて，結果とする．

⑫　実験で用いたクロメル・コンスタンタン熱電対では，$\alpha = 6.127 \times 10^{-2}$ mV/°C，$\beta = 5.837 \times 10^{-5}$ mV/°C^2 であることが知られている．今回の測定結果をこれらの参考値と比較する．

ここまで終わったら，指導教員にチェックを受ける．実験器具はまだ片付けないこと．

5　考察のヒント

（1）　今回の測定結果を参考値と比較しなさい．結果が大きく違うときは，測定や計算は正しかったかなど，その原因を考えて考察欄に具体的に書きなさい．

（2）　熱電対によって温度を測定する方法の長所と短所を考えて書きなさい．

（3）　この熱電対の接合部を電気炉でなく，氷の中に入れるとどうなるだろうか．

【注意】　炉の温度を 550 °C 以上には絶対に上げないようにする．

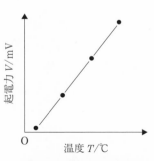

図 4　熱起電力の温度変化

【注意】　レポートでは，文章によって表，グラフ，結果，考察などを説明することが重要である．数値，表，グラフなどを単に並べたものはレポートと呼べない．1–9 のレポートの例を参考にしなさい．

6　より良いレポート作成のために

　ここでは，より良いレポートを作成するために，データ解析の方法とさらなる考察のヒントについて書かれている．

6.1　実験の手順（つづき）

不確かさの計算

　上の 5（1）の考察によって，測定ミスがないことを確認できたら，次に進む．

⑬　$\overline{\alpha}$ の平均値の不確かさ $\sigma_{\overline{\alpha}}\,[\mathrm{mV}/^\circ\mathrm{C}]$ および $\overline{\beta}$ の平均値の不確かさ $\sigma_{\overline{\beta}}\,[\mathrm{mV}/^\circ\mathrm{C}^2]$ を求める（2–5 参照）．

⑭　結果を，$\overline{\alpha}\pm\sigma_{\overline{\alpha}}\,[\mathrm{mV}/^\circ\mathrm{C}]$, $\overline{\beta}\pm\sigma_{\overline{\beta}}\,[\mathrm{mV}/^\circ\mathrm{C}^2]$ の形で表す．有効数字（2–4）に注意すること．

6.2　考察のヒント（つづき）

（4）　（考察のヒント（1）に代えて）⑭で表される測定結果の範囲から参考値がはずれているときは，測定が不適切だった場合もある．考えつく原因があれば具体的に書きなさい．

（5）　電気炉内の温度はデジタル温度計から読み取った．これはどのような方法で測っているのだろうか．今回の実験をもとに，推測してみよう．

（6）　熱電対にはいろいろな種類がある．それぞれどのような特徴があるのだろうか．

（7）　熱電効果には，ゼーベック効果のほかにペルチェ効果などがある．ゼーベック効果では温度差から電流が得られるのに対して，ペルチェ効果では電流から温度差が得られる．その応用例を調べて書きなさい．

（8）　この実験から学んだことを考えて書きなさい．

10 混合法による固体の比熱

1 実験概要と目的

物質 1g の温度を 1°C 上昇させるために必要な熱量が比熱 $[J/(g°C)]$ である．このテーマでは，一定温度に加熱した黄銅を水熱量計に入れて，水温の変化を測定する．黄銅が失った熱量と，水と熱量計が受け取った熱量が等しいとして，黄銅の比熱を得る．

キーワード：熱量計，熱量，比熱

2 原　理

物体を温めるとき，同じ熱量を与えても，物体の材質や質量により，温度の上がり方は異なる．ある物質 1g の温度を 1°C 上げるのに必要な熱量 $c [J/(g°C)]$ を**比熱**という．したがって，この物質が $m [g]$ あり，温度を $\Delta t [°C]$ 上げるのに必要な熱量 $Q [J]$ は，

$$Q = cm\Delta t \tag{1}$$

である．

質量 m の固体を温度 $t_2 [°C]$ に熱しておき，熱量計（銅と断熱材で作られた図 1(a) のような容器）の中の，質量 $m_{\mathrm{w}} [g]$，温度 $t_1 [°C]$ の水に投入すると，熱が固体から水に移動するので，水と熱量計の温度は上昇し，同時に固体の温度は下がる．ある時間たつと，水，熱量計，固体の温度が等しくなったところで熱の移動が止まり，それ以上温度が変化しなくなる．この状態が**熱平衡状態**であり，そのときの温度を $t [°C]$ とする．

固体の比熱を c，水の比熱を $c_{\mathrm{w}} [J/(g°C)]$ および熱量計の容器の比熱を $c_0 [J/(g°C)]$，質量を $m_0 [g]$ とする．このとき，固体が失った熱量は $mc(t_2 - t)$ であり，水と熱量計が得た熱量は $(c_{\mathrm{w}}m_{\mathrm{w}} + c_0 m_0)(t - t_1)$ である．固体が失った熱量が水と熱量計が得た熱量に等しいときは，熱量が保存されており，

$$mc(t_2 - t) = (c_{\mathrm{w}}m_{\mathrm{w}} + c_0 m_0)(t - t_1) \tag{2}$$

が成り立つ．これから，固体の比熱 c は

$$c = \frac{(c_{\mathrm{w}}m_{\mathrm{w}} + c_0 m_0)(t - t_1)}{m(t_2 - t)} \tag{3}$$

によって求めることができる．比熱は物質の熱的性質が決まる基本的な量である．

3 実験器具リスト

熱量計，かくはん棒，温度計 2 本，電気ケトル，スライダック（3–6C），クランプ付きスタンド，測定試料（黄銅），フック付きのひもがついたゴム栓，ゴム栓（小），ストップウォッチ（3–3A），軍手，電子天秤（3–2B）（共通）

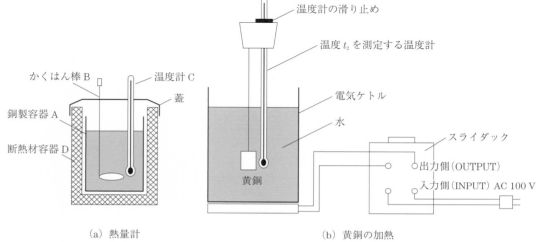

| (a) 熱量計 | (b) 黄銅の加熱 |

図1　固体の比熱の実験装置（上は写真，下は模式図）

4　実験の手順

① ⑩の作業は，手早くやる必要があるので，以下の1)～4) の手順で練習する．練習なので，熱量計および電気ケトルには水を入れないで行う．

1)　図1(a) のように，温度計 C をゴム栓に差し込んで，熱量計にセットする．

2)　図1(b) のように，温度計をフックのついたゴム栓に差し込み，黄銅をフックにつるす．温度計の球部が黄銅と接近した位置になるようにする．温度計が滑り落ちないように滑り止め（リング形状のもの）をつける．

3)　2) の黄銅と温度計を電気ケトル内につるし，ゴム栓部をクランプで挟んで固定する．黄銅は，お湯で温めるので，電気ケトルの底につかないようにする．

4)　温度計と黄銅のついたゴム栓を，落とさないように気を付けてクランプをゆるめてはずし，黄銅を手早く熱量計の中に入れ，フックをはずして蓋をする．このとき，黄銅にさわったり，本番では熱量計から水が飛び出したりしないように注意する．

② 図 1(a) で示す熱量計から銅製容器 A を取り出し，その質量を電子天秤で 3 回測定し，その平均値を $\overline{m}_0$ [g] とする．

③ A の中に水を半分入れて，温度が室温との差が ±2 °C 以内に落ち着くまで待つ．温度が低い場合は，湯沸かしポットのお湯を適量足すとよい．

④ 水の入った A の質量を電子天秤で 3 回測定し，その平均値を $\overline{m}_1$ [g] とし，水の質量 $\overline{m}_{\mathrm{w}} = \overline{m}_1 - \overline{m}_0$ [g] を求める．

⑤ これを断熱材容器 D に戻して，図 1(a) のようにセットし，熱量計全体の温度が落ち着くまで 10 分くらい待つ．待っている間に，⑥～⑧を行う．

⑥ 黄銅の質量を電子天秤で 3 回測定し，その平均値を $\overline{m}$ [g] とする．

⑦ 図 1(b) の電気ケトルに，「ここまで」と印のあるところまで水を入れる．スライダックの電圧調整つまみを反時計回りに回し切って 0 V にする．電気ケトルをスライダックの出力側端子につなぐ．スライダックの入力側端子を AC100 V のコンセントにつなぐ．

⑧ 以下の手順で，黄銅を温める．
　1)　図 1(b) のように，黄銅と温度計を電気ケトル内につるし，ゴム栓部をクランプで挟んで固定する．黄銅は，お湯で温めるので，電気ケトルの底につかないようにする．
　2)　電気ケトルのスイッチをオンにし，スライダックの電圧を 100 V に上げる．しばらくして沸騰したら，沸騰が持続する電圧（50 V くらい）に下げる．この状態（定常状態）で 10 分くらい待つ．

⑨ ③と⑧の作業が終了したら，お湯（黄銅）の温度 t_2 [°C] と，熱量計の水の温度 t_1 [°C] を，それぞれ 0.1 °C の精度で測定する．

⑩ 温度計と黄銅のついたゴム栓を，落とさないように気を付けてクランプをゆるめてはずし，黄銅を手早く熱量計の中に入れ，フックをはずして蓋をする．このとき，熱量計から水が飛び出さないように注意する．黄銅にさわったり，水が多量に飛び出したりしたときは，③から実験をやり直す．

⑪ かくはん棒 B をゆるやかに上下に動かしながら，C により温度の上昇を 5 秒間隔で測定して表 1 のように記録する．温度が一定になったとみなせる温度を t [°C] とする．さらに，図 2 のようなグラフを描く．

⑫ 測定値を式 (3) に代入して比熱 c [J/(g °C)] を計算し，求まった値を c_1 とする．ここで，c_{w} は，4.19 J/(g °C)（実験テーマ 12 参照），c_0 は銅製であるので 0.385 J/(g °C) としてよい．

⑬ ③～⑫までの操作をもう 1 度行い，求まった c の値を c_2 とする．c_1 と c_2 が大きく違った場合は，さらにもう 1 回実験を行う．

⑭ c_1 および c_2 の平均値 $\bar{c}$ を計算し，有効数字をよく考えて，結果とする．

⑮ 黄銅の c の値は 0.387 J/(g °C) であることが知られている．今回の測定結果をこの参考値と比較する．

ここまで終わったら，指導教員にチェックを受ける．実験器具はまだ片付けないこと．

表 1　水の温度の時間変化（1 回目）

時間/s	水の温度 t/°C
0	21.9
5	...
10	...
...	...
...	...

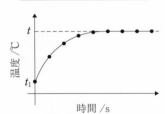

図 2　温度の時間変化

5   考察のヒント

（1）　今回の測定結果を参考値と比較しなさい．結果が大きく違うときは，測定や計算は正しかったかなど，その原因を考えて考察欄へ具体的に書きなさい．

（2）　この実験において，電気ケトルの湯から熱量計の水へ移された金属球は熱量 Q〔J〕を失った．その結果，金属球の内部エネルギーは ΔU〔J〕だけ減少した．熱力学第1法則から $\Delta U = Q$ であり，* 質量 m〔g〕の金属の比熱は $c = \frac{1}{m}\frac{Q}{\Delta t} = \frac{1}{m}\frac{\Delta U}{\Delta t}$〔J/(g °C)〕と表される．実験で得られた $c, m, \Delta t$ から逆に金属球の内部エネルギーの減少 ΔU を求めよ．金属球はたくさんの金属原子の集合体であり，この ΔU は，すべての金属原子が失った力学的エネルギーに等しい．その結果，金属原子の運動はどのように変化したか考えて書きなさい．

（3）　式 (3) は，熱量が黄銅と水および銅製容器の間だけで交換されることを前提にしている．現実には熱量はかくはん棒や空気中などにも逃げ出すと考えられる．そのとき，c の結果は，参考値と比べてどのようになると考えられるか．

6   より良いレポート作成のために

ここでは，より良いレポートを作成するために，データ解析の方法とさらなる考察のヒントについて書かれている．

6.1   実験の手順（つづき）

不確かさの計算

上の 5（1）の考察によって，測定ミスがないことを確認できたら，次に進む．

⑯　$\bar{c}$ の平均値の不確かさ $\sigma_{\bar{c}}$ を計算する（2–5 参照）．

⑰　結果を，$\bar{c} \pm \sigma_{\bar{c}}$ [J/(g °C)] のようにまとめよ．有効数字（2–4）に注意すること．

6.2   考察のヒント（つづき）

（4）　（考察のヒント（1）に代えて）⑰で表される c の測定結果の範囲から参考値がはずれているときは，測定が不適切だった場合もある．考えつく原因があれば具体的に書きなさい．

（5）　比熱の単位として，SI 単位である [J/(kg °C)] が用いられることもある．得られた結果を，$c = \bar{c} \pm \sigma_{\bar{c}}$ [J/(kg °C)] のようにまとめなさい．

（6）　今回の実験で，水の比熱は固体に比べて非常に大きいことがわかった．このことは，砂漠に比べて水辺の気温の変化を非常に緩やかにしている．その理由を説明しなさい．

（7）　パイレックスガラスのコップに水をほぼ満杯にして電子レンジで沸かすとする．電子レンジから供給される熱量のうち，水に流れ込む割合はおよそ何％だろうか．コップと水の質量をそれらしく仮定して，割合を試算しなさい．パイレックスガラスの比熱の値は付表 8 にある．

（8）　c_1 の不確かさを σ_1，c_2 の不確かさを σ_2 とする．σ_1 と σ_2 を求めよ．さらに，重み付き平均（2–9）にある式 (51) で定義された合成された不確かさ，および式 (52) で定義された最良推定値を計算し，真値の推定値を求めよ．

（9）　この実験から学んだことを考えて書きなさい．

【注意】 レポートでは，文章によって表，グラフ，結果，考察などを説明することが重要である．数値，表，グラフなどを単に並べたものはレポートと呼べない．1–9 のレポートの例を参考にしなさい．

* 熱力学第 1 法則は熱を含むエネルギー保存則であり，外部から加えられた熱量 Q と外部からされた仕事 W の和が物質の内部エネルギーの増加 ΔU に等しいことを表す，$\Delta U = Q + W$．この実験では $W = 0$ J と考えてよく，$\Delta U = Q$ である．

11　金属の熱膨張係数

1　実験概要と目的

　物質の温度が 1 °C 変化したときの長さの変化率を線膨張係数 [°C^{-1}] という.
このテーマでは,金属棒の温度を上昇させ,その長さのわずかな変化を光学て
こを用いて測定することにより,線膨張係数を得る.

キーワード:線膨張係数,光学てこ

2　原　理

　金属は温度が上昇すれば一般的に膨張する.温度 1 °C あたりの長さの変化
の割合を**線膨張係数**といい,その値 β[°C^{-1}] は,長さを l [cm],長さの変化を
Δl [cm],温度を t [°C],温度変化を Δt [°C] とすれば,

$$\beta = \frac{1}{l}\frac{\Delta l}{\Delta t} \tag{1}$$

と表すことができる.

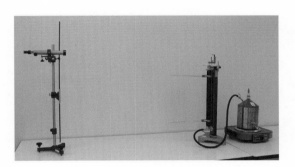

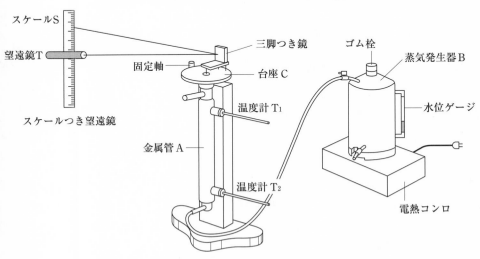

図 1　線膨張係数の実験装置(上は写真)

　図 1 に示した金属管 A の中に垂直に入れた試料の金属棒を蒸気発生器 B から
の蒸気で熱して,Δt に対する Δl を**光学てこ**で測定する.光学てこは,光が直

進することを利用して，図 2(a) のようなスケールつき望遠鏡と (b) のような三脚つき鏡とを組み合わせて，鏡の角度の微小変化 $\Delta\theta$ [rad] から Δl を知る装置である．三脚つき鏡の脚 P と Q は図 1 の台座 C 上に，脚 R は試料棒の上端面に置く．図 2(c) に示したように，R と鏡 M は，低い温度 t_1 [℃] のときにはそれぞれ R_1 と M_1 の位置にあるが，高い温度 t_2 [℃] のときには試料棒が l_1 [cm] から l_2 [cm] に膨張することにより，R_2 と M_2 の位置へ移動する．それに伴って，図 2(a) の T で見えていた S の目盛 y_1 [cm] は y_2 [cm] へ $\Delta y = y_2 - y_1$ だけ移動する．R_1 と R_2 の距離を $\Delta l = l_2 - l_1$（試料棒の長さの変化），M と S の距離を x [cm]，PQ と R との距離（三角形 PQR の高さ）を z [cm] とすれば，$x \gg \Delta y$，$z \gg \Delta l$ である．図 2(c) に示した角度 $\Delta\phi$ [rad] および $\Delta\theta$ を用いると，それぞれ，

$$\Delta y = x\Delta\phi \tag{2}$$

$$\Delta l = z\Delta\theta \tag{3}$$

となる．幾何光学における反射の法則から，$\Delta\phi = 2\Delta\theta$ が成り立ち，棒の長さの変化 Δl は，

$$\Delta l = \frac{z\Delta y}{2x} \tag{4}$$

で与えられる．したがって，β は，

$$\beta = \frac{z\Delta y}{2xl_1\Delta t} \tag{5}$$

と表すことができる．

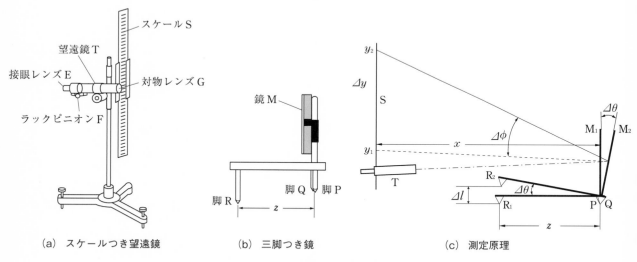

(a)　スケールつき望遠鏡　　　(b)　三脚つき鏡　　　(c)　測定原理

図 2　光学てことその測定原理

3　実験器具リスト

　三脚つき鏡，黄銅試料棒，金属管，台座，温度計 2 本（3–5A），穴付ゴム栓 2 個，ビニール管，スケール付き望遠鏡（3–1D），スタンド，スケール 80 cm，蒸気発生器，電気コンロ，蒸気発生器用ゴム栓，雑巾，手袋，巻尺（3–1A），ノギス（3–1B）

4 実験の手順

① 試料棒の長さを3回測定し，その平均値を $\bar{l_1}$ [cm] とする．

② 図3のように，試料棒を金属管Aに入れ，三脚つき鏡の脚PとQは台座C上に，脚Rは試料棒の上端面の中心付近にあけた小さなくぼみに置く．Cは図のように必ずAから2〜3mm離す．

③ 温度計 T_1 と T_2 をゴム栓につけて図のようにAに固定する．

④ 蒸気発生器Bの水位ゲージの真ん中あたりまでBに水を入れる．ビニール管で金属管Aの下側の蒸気の入口とBの蒸気の出口の1つをつなぐ．Aの上側の蒸気の出口は，どこにもつながずに開放しておく．

⑤ 望遠鏡Tを鏡Mから100〜150cm離れたところに，Mの高さとあまり違わないように設置する．PQはスケールSの面に平行になるように，Mはほぼ鉛直にする．

⑥ Tをのぞいて，接眼レンズEを前後させ，十字線の像が鮮明に見えるようにする．

⑦ MがTから見えるようにTの方向やEを調節する．はじめからTを覗かないで，Tのすぐ上に目を置き，その筒の軸方向にMがくるようにするのが早く見つけるコツである．

⑧ Eを前後させて筒の長さを短くするとTからSの像が見えるように，Mの方向を調節する．はじめからTを覗かないで，Tのすぐ上に目を置き，MにSが映るようにするのが早く見つけるコツである．

⑨ T_1 と T_2 を読み，それぞれ t_{11} [°C] と t_{21} [°C] とする．

⑩ t_{11} と t_{21} を平均し，$\bar{t_1}$ [°C] とする．

⑪ Tの十字線の横線と一致したSの目盛を3回読み取り，その平均を $\bar{y_1}$ [cm] とする．⑮がすむまで実験装置に振動を与えない．左の【注意】を読むこと．

⑫ 空だきにならないよう水位ゲージで確認してからBを加熱し，Bからの蒸気をA内に通じ，試料棒の温度を上昇させる．

⑬ T_1 と T_2 が100°C近くになってから約10分ほど加熱を続け，それから T_1 と T_2 を読み，それぞれ t_{12} [°C] と t_{22} [°C] とする．

⑭ t_{12} と t_{22} を平均し，$\bar{t_2}$ [°C] とする．

⑮ Tの十字線の横線と一致したSの目盛を3回読み取り，その平均値を $\bar{y_2}$ [cm] とする．

⑯ Bの熱源の電源をOFFにする．

⑰ $\Delta y = \bar{y_2} - \bar{y_1}$ を計算する．

⑱ $\Delta t = \bar{t_2} - \bar{t_1}$ を計算する．

⑲ MとSとの間の距離を3回測定し，その平均値を $\bar{x}$ [cm] とする．

⑳ MのPQとRとの距離（三角形PQRの高さ）を3回測定して，その平均値を $\bar{z}$ [cm] とする．それには，PQとRの間の外側どうしの間隔をノギスで測り，脚の直径を測定して補正を行うのが，最も合理的である．

㉑ 式 (4) で Δl を計算する．

㉒ 式 (5) で β を計算し，有効数字をよく考えて，結果とする．

㉓ 黄銅の β の値は 1.75×10^{-5} °C^{-1} であることが知られている．今回の測定

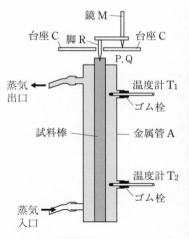

図3 試料棒の加熱装置

鏡M
台座C 脚R 台座C
P,Q
蒸気出口
温度計 T_1
ゴム栓
試料棒
金属管A
温度計 T_2
ゴム栓
蒸気入口

【注意】 これ以降，Sの目盛をたびたび観察して目盛の値を書く．視野からSが外れるときは，Mを静かに動かして見えるようにして値を読む．温度が変わらないのに，⑪の値と大きく違うときは，指導教員に相談する．

【注意】 計算は単位の換算をしてから行う．正確な単位換算ができることは，非常に重要である．

結果をこの参考値と比較する.

ここまで終わったら，指導教員にチェックを受ける．実験器具はまだ片付けないこと.

5　考察のヒント

（1）　今回の測定結果を参考値と比較しなさい．結果が大きく違うときは，測定や計算は正しかったかなど，その原因を考えて考察欄へ具体的に書きなさい.

（2）　光学てこを用いて長さを測定する方法の利点を2つあげなさい.

（3）　物質はたくさんの原子の集合体である．金属が膨張すると，原子の並びはどうなるか考えて書きなさい.

【注意】 レポートでは，**文章**によって表，グラフ，結果，考察などを説明することが重要である．数値，表，グラフなどを単に並べたものはレポートと呼べない．1–9のレポートの例を参考にしなさい.

6　より良いレポート作成のために

ここでは，より良いレポートを作成するために，データ解析の方法とさらなる考察のヒントについて書かれている.

6.1　実験の手順（つづき）

不確かさの計算

上の5（1）の考察によって，測定ミスがないことを確認できたら，次に進む.

㉔　温度 $\overline{t_1}$ のときの試料棒の長さ $\overline{l}$ の不確かさ $\sigma_{\overline{l}}$ を計算する（2–5 参照）.

㉕　$\overline{y_1}$, $\overline{y_2}$ の不確かさ $\sigma_{\overline{y_1}}$, $\sigma_{\overline{y_2}}$ をそれぞれ計算する.

㉖　Δy の不確かさ $\sigma_{\Delta y} = \sqrt{\sigma_{\overline{y_1}}^2 + \sigma_{\overline{y_2}}^2}$ を計算する.

㉗　$\overline{t_1}$, $\overline{t_2}$ の不確かさ $\sigma_{\overline{t_1}}$, $\sigma_{\overline{t_2}}$ をそれぞれ計算する.

㉘　Δt の不確かさ $\sigma_{\Delta t} = \sqrt{\sigma_{\overline{t_1}}^2 + \sigma_{\overline{t_2}}^2}$ を計算する.

㉙　$\overline{x}$, $\overline{z}$ の不確かさ $\sigma_{\overline{x}}$, $\sigma_{\overline{z}}$ をそれぞれ計算する.

㉚　間接測定における不確かさの計算法に従って，β およびその不確かさ σ_β を計算する.

㉛　結果を，$\beta \pm \sigma_\beta [°\mathrm{C}^{-1}]$ のようにまとめる．有効数字（2–4）に注意すること.

【注意】 測定は数回なので読み取りの不確かさを計算に含めることを忘れない．基礎測定Aの6.1を参照せよ.

6.2　考察のヒント（つづき）

（4）　（考察のヒント（1）に代えて）㉛で表される β の測定結果の範囲から参考値がずれているときは，測定が不適切だった場合もある．考えつく原因があれば具体的に書きなさい.

（5）　さらに正確に β の値を求めるためには，実験装置や実験・データ解析のやり方をどのように改善すればよいであろうか，考えなさい.

（6）　光学てこを使うと原子が配列しているようすを観察することができる．このハイテク機器は何か．調べて書きなさい.

（7）　鉄道のレールには，そのつなぎ目に必ずすき間があけてある．これがないとどのような不具合が起きると予想されるか，書きなさい.

（8）　物質の熱膨張を利用した身近な日用器具を挙げてみよう.

（9）　この実験から学んだことを考えて書きなさい.

12　水の比熱

1　実験概要と目的

　物質 1 g の温度を 1 °C 上昇させるために必要な熱量を比熱 $[\mathrm{J/(g\,°C)}]$ という．このテーマでは，私たちが生きるために欠かすことができない水の比熱を測定する．水を入れた熱量計にニクロム線をしずめ，電流を流してジュール熱を発生させる．ジュール熱がすべて水と熱量計の温度上昇につかわれるとして，水の比熱を測定する．

　キーワード：熱量計，ジュール熱，比熱

2　原　　理

　熱はエネルギーのひとつであり，仕事から変換することができる．電流による仕事 $W\,[\mathrm{J}]$ は，抵抗に $V\,[\mathrm{V}]$ の電圧をかけ，$I\,[\mathrm{A}]$ の電流を $\tau\,[\mathrm{s}]$ 流すとき，

$$W = VI\tau \tag{1}$$

であり，これはすべて**ジュール熱**と呼ばれる熱量 $H\,[\mathrm{J}]$ に変わる．

　この H は温度を上昇させることができる．例えば，質量 $m_\mathrm{w}\,[\mathrm{g}]$，比熱 $c_\mathrm{w}\,[\mathrm{J/(g\,°C)}]$ の水が質量 $m_0\,[\mathrm{g}]$，比熱 $c_0\,[\mathrm{J/(g\,°C)}]$ の容器に入っている熱量計に H が使われ，温度が $\Delta t\,[\mathrm{°C}]$ だけ上昇したとすれば，

$$H = (c_\mathrm{w}m_\mathrm{w} + c_0 m_0)\Delta t \tag{2}$$

となる．これは W と等しいので，

$$VI\tau = (c_\mathrm{w}m_\mathrm{w} + c_0 m_0)\Delta t \tag{3}$$

となり，c_w は，

$$c_\mathrm{w} = \frac{1}{m_\mathrm{w}}\left(\frac{VI\tau}{\Delta t} - c_0 m_0\right) \tag{4}$$

から求めることができる．比熱は物質の熱的性質が決まる基本的な量である．

3　実験器具リスト

　熱量計，かくはん棒，ニクロム抵抗線，温度計，交流電圧計（フルスケール 15 V），交流電流計（フルスケール 10 A），スライド抵抗器（3–6B），スイッチ，スライダック（3–6C），100 V 電源コード，配線コード 6 本，ストップウォッチ（3–3A），ゴム栓，電子天秤（3–2B，共通）

4　実験の手順

① 図 1 で示す熱量計から銅製容器 A を取り出し，その質量を電子天秤で 3 回測定し，その平均値を $\overline{m}_0\,[\mathrm{g}]$ とする．

② A の中に水を八分目ほど入れて，温度が室温との差が ±2 °C 以内に落ち着くまで待つ．温度が低い場合は，湯沸しポットのお湯を適量足すとよい．

③ 水の入った A の質量を電子天秤で 3 回測定し，その平均を $\overline{m}_1$ [g] とし，水の質量 $m_\mathrm{w} = \overline{m}_1 - \overline{m}_0$ [g] を求める．

④ A を熱量計に入れる．ニクロム抵抗線 N が端子 P と Q にしっかりとつながっていることを確認する．また，N が銅製容器やかくはん棒に接触していないことを確かめる．つぎに，スライダック，スイッチ S，スライド抵抗器 R，交流電流計，交流電圧計を図 1 のように配線する．このとき，スライダックの出力目盛は 0 V，S は off（開）の状態でなければならない．

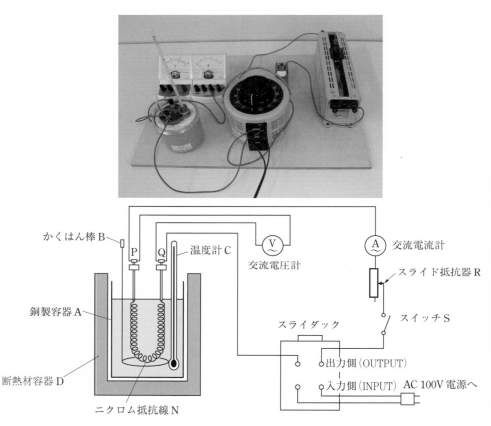

図 1　水の比熱の測定装置（上は写真）

⑤ 配線に誤りのないことを確かめ，スライダックを AC 100 V 電源につなぎ，静かにスライダックの電圧を 10 V に上げる．

⑥ S を on（閉）にし，R を調節して交流電流計の指示が 1 A 程度になるようにする．終わったらすぐに S を off にする．この操作で手間取って水の温度が 1 °C 以上も上がったようなら，①から実験をやり直す．ここまでが事前準備である．熱量計全体の温度が落ち着くまで 10 分くらい待つ．

⑦ S を on にし，同時に時刻を測定し始める．以後，水の温度が一様になるように，かくはん棒 B を静かにゆるやかに動かして水をかきまぜ続ける．

⑧ 1 分ほど経過してから時刻 τ_1 [s]，および温度計 C で水の温度 t_1 [°C] を 1/10 °C まで読み取り，表 1 のように記録する．同時に交流電流計で電流 I [A]，および交流電圧計で電圧 V [V] を測定し記録する．

表1　水の温度，電圧および電流の変化（1回目）

時間 τ/s	水の温度 t/℃	電圧 V/V	電流 I/A
60	23.4	3.3	1.0
120	…	…	…
180	…	…	…
	…	…	…

⑨　その後，1分間隔で10分間 C の指度を読み，同時に交流電流計で電流 I，および交流電圧計で電圧 V を測定し記録する．図2のように時間と温度の関係をグラフに書き，ほぼ直線関係があることを確かめる．温度の時間変化が直線から大きく離れるようであれば，①からやり直す．また，I が時刻によって大きく変わるときは，指導教員に連絡する．

⑩　測定終了時の時刻を τ_2 [s]，水の温度を t_2 [℃] と測定する．その後，S を off にし，スライダックを 0 V としてから，プラグを AC 電源からはずす．

⑪　$\tau = \tau_2 - \tau_1$ [s] および $\Delta t = t_2 - t_1$ [℃] を計算する．

⑫　記録した V および I の測定値をそれぞれ平均し，V および I の値とする．

⑬　測定値を用いて，式 (4) より c_w [J/(g ℃)] を計算し，求まった値を c_{w_1} とする．ただし，容器は銅製なので，銅の比熱の値 $c_0 = 0.385$ J/(g ℃) を用いる．c_{w_1} と参考値を比較して結果を検討し，実験方法や手順について確認する．

⑭　①〜⑬までの実験をもう1度行い，得られた c_w を c_{w_2} とする．c_{w_1} と c_{w_2} の値が大きく違った場合は，さらにもう1回実験を行う．

⑮　c_{w_1}，c_{w_2} を平均して，$\bar{c}_w$ を求め，有効数字をよく考えて，結果とする．特に，式 (4) の右辺の（　）中の第1項と第2項の有効数字を別々に検討すること．

⑯　c_w の値は 4.1855 J/(g ℃) であることが知られている．今回の測定結果をこの参考値と比較せよ．

ここまで終わったら，指導教員にチェックを受ける．実験器具はまだ片付けないこと．

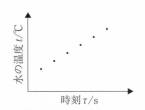

図2　水の温度 t の時刻 τ 変化

5　考察のヒント

（1）　今回の測定結果を参考値と比較しなさい．結果が大きく違うときは，測定や計算は正しかったかなど，その原因を考えて考察欄へ具体的に書きなさい．

（2）　付録「9. 種々の物質の比熱」を見て，水の比熱の値を他の物質の値と比較しなさい．

（3）　「比熱は物質に固有な量である．」その理由を，水はたくさんの分子の集合体であることをもとにして考えて書きなさい．

【注意】　レポートでは，文章によって表，グラフ，結果，考察などを説明することが重要である．数値，表，グラフなどを単に並べたものはレポートと呼べない．1–9 のレポートの例を参考にしなさい．

6　より良いレポート作成のために

　ここでは，より良いレポートを作成するために，データ解析の方法とさらなる考察のヒントについて書かれている.

6.1　実験の手順（つづき）

不確かさの計算

　上の5（1）の考察によって，測定ミスがないことを確認できたら，次に進む.

⑰　$\bar{c}_{\mathrm{w}}$ の平均値の不確かさ $\sigma_{\bar{c}_{\mathrm{w}}}$ [J/(g °C)] を計算する（2–5 参照）.

⑱　結果を，$\bar{c}_{\mathrm{w}} \pm \sigma_{\bar{c}_{\mathrm{w}}}$ [J/(g °C)] のようにまとめる. 有効数字（2–4）に注意すること.

6.2　考察のヒント（つづき）

（4）（考察のヒント（1）に代えて）⑱で表される c_{w} の測定結果の範囲から参考値がはずれているときは，測定が不適切だった場合もある. 考えつく原因があれば具体的に書きなさい.

（5）熱力学には第1法則と第2法則がある. それらはどういうものか調べなさい. また，それぞれこの実験にあてはめて説明しなさい.

（6）電力 500 W の電気ポットで 1000 g の水（およそ 1l）を沸騰させるのに何分かかるだろうか，はじめの水温を 20 °C として計算してみよう.

（7）自分の体のかなりの部分は水分である. 水の比熱が大きいことは自分にとって大変有難いことである. たとえば，どんなときだろうか.

（8）c_{w1} の不確かさを σ_1，c_{w_2} の不確かさを σ_2 とする. σ_1 と σ_2 を求めよ. さらに，重み付き平均（2–9）にある式 (51) で定義された合成された不確かさ，および式 (52) で定義された最良推定値を計算し，真値の推定値を求めよ.

（9）この実験から学んだことを考えて書きなさい.

13 光の干渉と波長

1 実験概要と目的

　レーザー光をマイケルソン干渉計によって2つの光線に分けて光路差を与えたのちに，スクリーン上で重ね合わせて干渉させる．干渉リングの中心が明から明（暗から暗）へ変わる回数と光路差の関係を観測することにより，レーザー光の波長を得る．

　キーワード：レーザー，光の干渉，光路差，波長

2 原　理

　ひとつの光源からでた光がある場所で2つに分かれて別々の経路をたどった後に再び合流すると光の波の**干渉**という現象が起こる．図1で示すように，2つの波の干渉とは，波の山と山が重なると波を強めあい，山と谷が重なると波を弱めあう現象である．

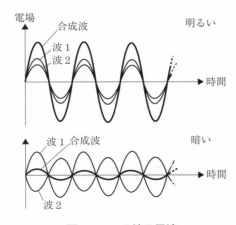

図1　2つの波の干渉

　図2にマイケルソン干渉計の原理を示す．レーザー光は半透明鏡Aで光線1と光線2に分かれる．光線1は平面鏡 M_1 で鏡面に垂直に反射されて戻り，再びAで分けられて一部（反射光）はスクリーンSに向かい，残りはレーザーの出力窓に戻る．光線2は平面鏡 M_2 で鏡面に垂直に反射されて戻り，再びAで分けられて一部（透過光）はSに向かい，残りはレーザーの出力窓に戻る．光の経路を分かりやすくするために，図2では光線を別々に描き，干渉に関係のない光線は省いてある．AとSの間で光線1と光線2の経路を注意深く完全に重ね合わせると，この区間で2つの光波の干渉がおこり，そのようすがS上で観察される．レーザーの出力窓にレンズをつけて細い光線を拡散光線にすると，S上に明暗の同心円の干渉リングが現れる．リングの模様は光の波の拡大像であり，光が波であることを明瞭に示すものである．

　このような干渉状態が実現しているときに，M_1 を図で右方向にゆっくり移動させると光線1の経路（光路長）が長くなるので，AからSに向かう経路上

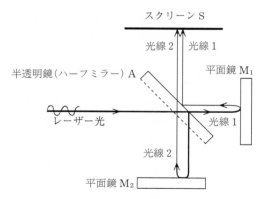

図 2 マイケルソン干渉計の原理

【参考】 レーザーの特徴は単色で均質な波が連続していることや，光線内で波の位相がそろっていることである．このために干渉現象が観測しやすい．

で，光線1の波と光線2の波の重なり具合も変わってゆく．強めあうように重なると同心円の中心部が明るくなり，弱めあうように重なると暗くなる．M_1 が光の半波長分（往復光路が1波長分）移動する間に中心部の明暗が1回交代し，リングが中心に吸い込まれるように移動する．このような明-暗-明あるいは暗-明-暗を1回とした回数 n を数え，それに対応する M_1 の移動距離 Δl をマイクロメーターで測れば，光の**波長** λ は，

$$\lambda = \frac{2\Delta l}{n} \tag{1}$$

で得られる．

　実際のマイケルソン干渉計は，図3に示すように，ひとつの台の上に A，M_1，M_2 の3つの鏡が取り付けられている装置である．実験では，He-Ne レーザーを光源として，まず，光の干渉が起こるようすを観察した後に，その波の波長を測定する．光の波の波長は短いので，n が1回の Δl を測定するのは難しい．実験の手順では，n を 100 回ずつ数えて計算する方法が指示されている．

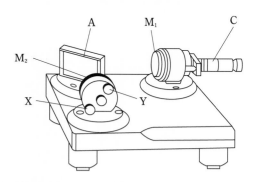

M_1：微動平面鏡，M_2：固定平面鏡，X：X調整ネジ（M_2の水平方向の角度の調整），Y：Y調整ネジ（M_2の垂直方向の角度の調整），A：半透明鏡（ハーフミラー），C：マイクロメーター（副尺によって M_1 の移動を 0.0001mm まで読める）

図 3 マイケルソン干渉計

3 実験器具リスト

マイケルソン干渉計，レーザー，レーザー用台，スクリーン，対物レンズ，カウンター，懐中電灯

4 実験の手順

注意

(1) レーザー光を目に入れてはならない．自分の目だけでなく周りの人の目にも入れないよう注意する．意図しない反射を防ぐため，腕時計は外しておく．レーザー光の終端が暗幕やスクリーンで確実に止まっていることを常に確認する．床に落とした物を拾うときにレーザーが目と同じ高さになり危険であるため，一見レーザーが通っていない場所であったとしても，目をふさぐなど注意して拾う．使わないときはレーザーの電源を切っておく．

(2) マイケルソン干渉計の鏡類の表面に指などで触れてはならない．もしも表面が汚れたら指導教員に連絡する．実験終了後は，必ず平面鏡にキャップをしておく．

---

① レーザー光の出る方向に注意しながら，レーザーのスイッチを入れる．出力窓に対物レンズをつけてみて，中心軸がずれることなく光が拡散するようすを確認する．

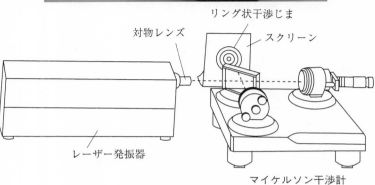

図4 測定装置（上は写真）

② 実験装置を図4のように配置する．対物レンズは落下させないように注意しながら，回して外しておく．

③ まず，M_2 はカバーで隠しておく．レーザーの出力窓から出たレーザー光が M_1 で反射して出力窓にほぼ戻るようにする．これで光線1の経路が正しくできた．A には反射面がガラスの裏表で2つあるので，スクリーン上に輝点が2つ出ているはずである．

④ M_2 のカバーを外すとスクリーン上に光線2による2つの輝点が新しく現れる．M_2 の背面の2つのネジ X，Y を調整すれば，新しい2つの輝点がスクリーン上を動くので，右側の点を③の右側の動かない点に，左側の点を③の左側の点に重ねる．調整がうまくいくと，光の干渉により星がまたたくように点の明るさが変化するのが見える．これで光線2の経路が正しくできた．

⑤ 出力窓に対物レンズを取り付けると，明暗の干渉リングが見える．ネジ X，Y を微調整して，リングが S の中央で同心円に見えるように調整する．

⑥ 始めに C の目盛りを1mm付近にとっておく（注意に書かれているように 1.0 mm の目盛りはマイクロメーターが原点から 1.0 cm 移動した位置にある．本文中の目盛りの表記は全て M_1 の位置に対応していることに注意する．）C をゆっくり回して，干渉リングが動くようすを観察する．リングの中心部が明→暗→明と1回変化する間に M_1 は光の波長の1/2だけ移動している．カウンターを使って変化の回数を数える練習と，副尺つきの C の目盛りを読む練習をする．この間で，干渉リング全体の位置がずれたり，形が崩れたりする場合は②〜⑤をやり直す．ここまでが準備である．

⑦ まずマイクロメーターの遊びをなくすために，C の目盛りを 1.0000 mm より大きくして1の数字が見えるようにする．次に，C を時計方向に回して M_1 を前進させ，1.0000 mm に正確に合わせる．このとき決して反時計回りには回さない．誤って回してしまったときは，⑦の最初からやり直す．以後も C は時計回りのみとする．そのときの C の目盛りを $l_0 = 1.0000$ mm とする．

⑧ C を慎重に回して M_1 を前進させ，干渉リングの明から明まで，あるいは暗から暗までの回数を数える．回数が100回ごとに500回になるまで，M_1 の位置を読み取る．$n = 100, 200, \cdots, 500$ のときの位置を $l = l_1, l_2, \cdots, l_5$ として表1のような表をつくり，図5のようなグラフを描く．グラフが直線でなければ，⑦よりやり直す．

⑨ 得られたグラフに適切な直線を引き，傾き b [mm/回] を求める．

【注意】　M_1 は C のマイクロメーターの目盛り部分の移動距離の1/10しか移動しない．目盛り 1.0 はマイクロメーター上では目盛り 0.0 から 1.0 cm の位置にあるが，これは M_1 を原点から 1.0 mm 動かした位置に相当する．このマイクロメーターの読み取り精度は 0.0001 mm である．最下位のケタは副尺を使えば正確に読める．副尺の読み取り方は，ノギス（3–1B）の説明を参考にする．

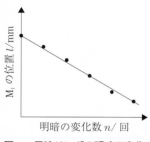

図5　干渉リングの明暗の変化の数 n と M_1 の位置 l の関係

表1　明から明までの回数と M_1 の位置

番号 i	回数 n/回	M_1 の位置 l_i/mm
0	0	1.0000
1	100	…
2	200	…
3	300	…
4	400	…
5	500	…

⑩ 波長 $\lambda = -2b$ を求め，これを λ [mm] とする．有効数字をよく考え，[nm] $= [10^{-9}\,\text{m}]$ に単位を換算して，結果とする．$\lambda = 632.8\,\text{nm}$ であることが知られている．結果が大きく違った場合は，もう1回測定を行う．

⑪ 今回の測定結果をこの参考値と比較する．

ここまで終わったら，指導教員にチェックを受ける．実験器具はまだ片付けないこと．

5 考察のヒント

（1） 今回の測定結果を参考値と比較しなさい．結果が大きく違うときは，測定や計算は正しかったかなど，その原因を考えて考察欄に具体的に書きなさい．

（2） 測定に用いたレーザーの波長が $\lambda = 632.8\,\text{nm}$（参考値と完全に一致）であったと仮定すると，実験中に得られたそれぞれの Δl に対して n はどのような値になるか．式 (1) を使って計算せよ．さらにその結果と実験結果を比較し，干渉リングの数え落とし（もしくは二重カウント）の回数のおおよその割合について考察せよ．

6 より良いレポート作成のために

ここでは，より良いレポートを作成するために，データ解析の方法とさらなる考察のヒントについて書かれている．

6.1 実験の手順（つづき）

最小2乗法と不確かさの計算

上の5（1）の考察によって，測定ミスがないことを確認できたら，次に進む．

⑫ 最小2乗法 (2–8) を用いて，より正確な b および σ_b を計算し，その値より λ および σ_λ を正確に求める．

⑬ 結果を，[nm] 単位に換算して，$\lambda \pm \sigma_\lambda$ [nm] のようにまとめる．有効数字 (2–4) に注意すること．

6.2 考察のヒント（つづき）

（3） （考察のヒント（1）に代えて）⑬で表される λ の測定結果の範囲から参考値がはずれているときは，測定が不適切だった場合もある．考察のヒント（2）の結果をふまえ，考えつく原因があれば具体的に書きなさい．

（4） 干渉リングの周囲の明暗はどうしてできるのだろうか．

（5） 光が波であることは，どのような現象から分かるだろうか．

（6） 今回の装置の原理を使って，物体の位置や凹凸を精密に測定することができる．どのようにして行うのだろうか．

（7） 今回と同じ測定原理が，重力波望遠鏡（KAGRA）に使われている（https://gwcenter.icrr.u-tokyo.ac.jp）．図4と最も異なる点を答えよ．

（8） さらに正確に波長を求めるためには，実験装置や実験・データ解析のやり方をどのように改善すればよいであろうか，考えて書きなさい．

（9） この実験から学んだことを考えて書きなさい．

【参考】 現代の技術は，この実験テーマとは逆であることを知っておくのがよい．安定化された長さ用 633 nm He-Ne レーザーの波長は，1 m の定義の副基準（2009年まで長さの国家標準）として採用されていた．マイクロメーターはこのレーザーの波長が正しく測れるように造られている．つまり，測定を完璧に行ってこの値が得られないなら，マイクロメーター（または微動機構）は正しく造られていない可能性がある．

14   偏光度

1   実験概要と目的

　光が偏光板を透過すると直線偏光になる．2枚の偏光板を透過した光の強度と偏光板の回転角の関係を測定して偏光板の性質を調べる．調べた偏光板にガラス板で反射させた光を透過させて透過強度と偏光板の回転角の関係を測定することにより，偏光度を得る．偏光度と反射角の関係を測定して反射光の性質を調べる．

　　キーワード：偏光，偏光板，偏光度，ブリュースター角

2   原　　理

　光は，実体はエネルギーを運ぶ電場と磁場の波の組み合わせであり，電磁波とよばれる．電場も磁場も波の進む方向に対して「横向き」になっている．光が前方に進んでいるとして，横向きとは上下左右方向のあらゆる向きのことであり，これを横波という．通常，電場の方向を**光の振動方向**とする．

　自然光は，いろいろな振動方向の光が均等に混じっている．図1のように，この光を**偏光板**（ヨウ素を含む有機化合物の分子の方向をそろえて板状にしたもの）を通すと特定の振動方向のみの光が透過してくる．この透過光を**直線偏光**（以下では単に偏光）と呼ぶ．また，偏光をつくる偏光板を**偏光子** A，特定の方向（これは板の内部にある固有の方向）を A の軸方向と呼ぶ．

　次に，A でつくられた偏光を，図1のように，別の偏光板（これは**検光子** B と呼ぼう）を透過させ，B を回転してみる．2枚の偏光板 A と B を透過する光の強度は A の軸方向と B の軸方向が平行のとき最大値 I_0 となり，B がそこから 90° 回転したとき最小値 I_{90} になることがわかる．ここで，光の強度とは1秒当たりに送られるエネルギーで光センサーを使ってワット単位で測定できる量である．

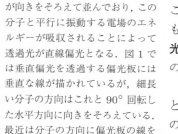

【参考】 偏光板内では細長い分子が向きをそろえて並んでおり，この分子と平行に振動する電場のエネルギーが吸収されることによって透過光が直線偏光となる．図1では垂直偏光を透過する偏光板には垂直な線が描かれているが，細長い分子の方向はこれと 90° 回転した水平方向に向きをそろえている．最近は分子の方向に偏光板の線を描く形式の図も見受けられる．

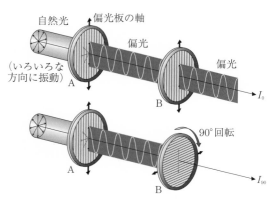

図1　偏光とは

　偏光板で完全な偏光をつくれるなら $I_{90} = 0$ であるが，実際には不完全で A の透過光には A の軸方向からずれた振動方向の光も混じっているため，$I_{90} \neq 0$ である．B についても同様である．そこで，I_0 と I_{90} を使って，これらの性能

を評価する方法を考える.

まず,Aに当たる自然光は2つの偏光成分からできていると考える.ひとつはAの軸方向と同じ振動方向の偏光1で,もうひとつはこれに直交する振動方向の偏光2である.自然光では,どちらの強度も等しくIであるとし,合計強度を$2I$とする.偏光1がAを透過する割合(エネルギー透過率)をa_0,偏光2がAを透過する割合をa_{90}とするとAの透過光の合計強度は$a_0 I + a_{90} I$となる.a_0は1に近く,a_{90}は0に近い.この透過光がさらにBを透過した後の強度は,AとBの軸方向が同じとき,

$$I_0 = a_0^2 I + a_{90}^2 I = (a_0^2 + a_{90}^2)I \tag{1}$$

AとBの軸方向が$90°$のとき,

$$I_{90} = a_{90} a_0 I + a_0 a_{90} I = 2a_0 a_{90} I \tag{2}$$

のようになる.これらの式で,第1項は偏光1,第2項は偏光2の強度である.2つの式より,Iを消去して,エネルギー透過率a_0,a_{90}と測定値I_0,I_{90}の間に

$$\frac{a_0 - a_{90}}{a_0 + a_{90}} = \sqrt{\frac{I_0 - I_{90}}{I_0 + I_{90}}} \tag{3}$$

の関係があることがわかる.この式は後に反射光の偏光度の補正計算に使われる.

図2のように自然光がガラス面で反射されたときの反射光の偏光について考える.反射角は,反射面に平行な振動方向を持つ偏光sと,偏光sと直角の振動方向(入射光と反射光がつくる平面に平行な振動方向)を持つ偏光pの成分からできていると考えられる.一般に,偏光sの強度I_sの方が偏光pの強度I_pより大きい.このような偏光の割合を,

$$P = \frac{I_p - I_s}{I_p + I_s} \tag{4}$$

と表して,Pをその光の**偏光度**と定義する.Pは入射角(θ)によって異なる.特に,屈折率nの物質に角度$\theta_b = \tan^{-1} n$で入射した光の反射光は,$I_p = 0$となり$P = -1$,つまり,偏光sだけになることが知られている.この角度を**ブリュースター角**と呼ぶ.ガラスでは$\theta_b = 57°$である.図3は,$n = 1.5$のときの偏光度とθの関係を計算した結果である.

ガラスの反射光を検光子Bに通し,Bを回転させると透過光の強度が変化して最大値のときの偏光はs,最小値のときの偏光はpとなり,それぞれをI_s',I_p'とする.本来の強度I_s,I_pと測定値I_s',I_p'の間には,

$$I_s' = a_0 I_s + a_{90} I_p \tag{5}$$

$$I_p' = a_{90} I_s + a_0 I_p \tag{6}$$

の関係がある.この2式からI_sとI_pを求めて式(4)に代入すると,

$$P = \frac{I_p - I_s}{I_p + I_s} = \frac{\dfrac{I_p' - I_s'}{I_p' + I_s'}}{\dfrac{a_0 - a_{90}}{a_0 + a_{90}}} \tag{7}$$

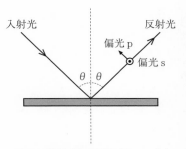

図2 反射光の偏光 紙面に垂直な振動が偏光sである.

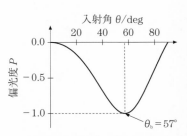

図3 入射角θと偏光度Pの関係($n = 1.5$)

【参考】 ブリュースター角においては屈折した透過光と反射光の角度が$90°$になっている.

となる．ここで，式 (3) を使うと，P を測定値だけで表わす式，

$$P = \frac{\dfrac{I'_\mathrm{p} - I'_\mathrm{s}}{I'_\mathrm{p} + I'_\mathrm{s}}}{\sqrt{\dfrac{I_0 - I_{90}}{I_0 + I_{90}}}} \tag{8}$$

が得られる．実験では，レーザー光を使って，まず A と B を透過する光の強度を測定する．次に，ガラスからの反射光が B を透過するときの強度を測定し，反射光の偏光度 P を求める．

3　実験器具リスト

　レーザー，レーザー用台，偏光板 2 個（偏光子，検光子），光センサー，パワー表示メータ，回転台つきガラス板，懐中電灯

4　実験の手順

注意　レーザー光を目に入れてはならない．自分の目だけでなく周りの人の目にも入れないよう注意する．意図しない反射を防ぐため，腕時計は外しておく．レーザー光の終端が暗幕やスクリーンで確実に止まっていることを常に確認する．床に落とした物を拾うときにレーザーが目と同じ高さになり危険であるため，一見レーザーが通っていない場所であったとしても，目をふさぐなど注意して拾う．使わないときや装置の配置を変えるときはレーザーの電源を切っておく．

① 　実験に先立って，2 枚の偏光板を通して天井の照明などの光源を眺めてみる．偏光板の重ねる角度で光源が見えたり，消えたりするようすを確かめておく．これから測定するのは光の偏光の性質であることを把握する．

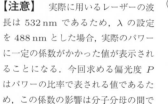

【注意】　実際に用いるレーザーの波長は 532 nm であるため，λ の設定を 488 nm とした場合，実際のパワーに一定の係数がかかった値が表示されることになる．今回求める偏光度 P はパワーの比率で表される値であるため，この係数の影響は分子分母の間でキャンセルされる．

② 　レーザー，偏光子 A，検光子 B，光センサーを図 4 のように配置する．λ ボタンを何度か押して波長の設定をレーザーの波長（532 mm）に最も近い

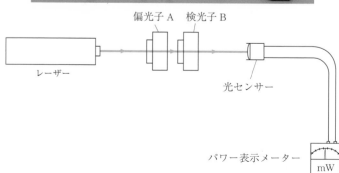

図 4　透過光の強度の測定配置（上は写真）

488 mm にする．光の向きに注意しながら，レーザーのスイッチを入れる．レーザー光が A，B を透過し，光センサーの受光面のほぼ中央に当たるようにする．装置全体を暗幕の中に置き，余計な光が光センサーに入らないように全体を整える．

③ A，B を取り除いて，レーザー光を直接光センサーに入れて，パワー表示メータでその強度を測る．

④ レーザー光の通り道に A を置く．透過する光の強度がほぼ半分か，それ以下になることを確かめる．さらに，A を回してみて，透過光の強度があまり変動しないことを確かめる．以下の測定で得られる光の強度はすべてこれ以下の値である．

⑤ レーザー光の通り道に B を置く．B を回してみて，透過光の強度が増減するようすを確かめ，準備測定値として，最大値 I_0 と最小値 I_{90} を読み取る．光の強度を測定する際はレーザーの光路を紙などで遮ることにより，測定のバックグラウンドを記録する．光の強度の測定値とバックグラウンドの差を「光の強度 I」とする．次に，B を固定して A を回しても同様であることを確かめる．

⑥ B の角度指示を $-90°$ にする．A を回して光の強度が最小になる角度を探し，以後 A をその角度で固定する．ここまでが準備で，以後が本測定である．

⑦ まず，バックグラウンドを測定する．次に B を $10°$ ずつ，$+90°$ まで回し，そのときどきの光の強度を読み取る．表 1 のような角度と強度の表を作り，図 5 のようなグラフを描く．最大値の位置が B の角度指示の $0°$ から少々ずれていても構わない．グラフでの最大値を I_0，最小値を I_{90} と決める．これらから式 (3) の $\sqrt{\dfrac{I_0 - I_{90}}{I_0 + I_{90}}}$ を計算する．透過光の測定はこれで終了である．

⑧ 次に，ガラスの反射光の測定に移る．レーザー，ガラス板回転台，検光子 B，光センサーを図 6 のように配置する．まず，回転台の θ の目盛を $0°$ に合わせ，ガラス板でレーザー光を反射させる．反射光がレーザーの出力窓に戻るように θ の目盛りは $0°$ のままでガラス板を固定台ごと動かす．これが反射角 $\theta = 0°$ の状態である．次に，回転台の角度を $57°$ に合わせる．これで，$\theta = 57°$ の状態となる．反射光に合わせて，検光子や光センサーを配置する．

【注意】　レーザーの出射光は直線偏光であることが多いが，この実験では出射口に特殊なフィルムを貼り付けて円偏光にすることによって，一旦直線偏光を解除している．

【注意】　バックグラウンドは暗幕などの状態で変化する．測定の間にバックグラウンドが大きく変化しないよう注意する．

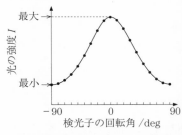

図 5　検光子 B の回転角と透過光の強度の関係

表 1　検光子の回転角度と透過光の強度（バックグラウンド 0.2239 μW）

検光子の回転角度/deg	光の強度の測定値/μW	光の強度 I /μW
-90	0.4538	0.2299
-80	...	...
-70	...	...
...	...	...
...	...	...

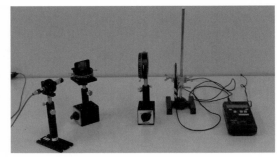

ガラス板回転台
ガラス板
検光子B
光センサー
レーザー
パワー表示メーター
mW

図 6   反射光の強度の測定配置（上は写真）

【注意】　実際の反射光測定装置の配置では偏光 s の振動方向はほぼ鉛直方向で，偏光 p の振動方向はほぼ水平方向とイメージしておけばよい．

⑨　まず，バックグラウンドを測定する．次に，B を $-90°$ から $10°$ ずつ，$+90°$ まで回し，そのときの光の強度を読み取る．表 1 のような角度と強度の表を作り，図 5 のようなグラフを描く．グラフでの最大値を I_s'，最小値を I_p' と決める．

⑩　式 (8) を使って，偏光度 P を計算する．有効数字（2–4）に注意すること．

⑪　$\theta = 30°$ とし，⑨，⑩ を行う．

⑫　ブリュースター角（$\theta = 57°$）での反射光の偏光度は $P = -1$ であると期待されている．測定結果はこれに近くなったか検討する．

ここまで終わったら，指導教員にチェックを受ける．実験器具はまだ片付けないこと．

5   考察のヒント

（1）　ブリュースター角（$\theta = 57°$）での反射光の偏光度は $P = -1$ である．今回の測定結果と比較しなさい．結果が大きく違うときは，測定や計算は正しかったかなど，その原因を考えて考察欄に具体的に書きなさい．

（2）　この実験では，$P=0$ ではなく $P = -1$ が得られた．$P = 0$ と $P = -1$ の光は，それぞれどんな偏光の光だろうか．

（3）　魚釣りやスキー用に偏光ガラスでできたサングラスがある．どういう理由からだろうか．

6 より良いレポート作成のために

ここでは，より良いレポートを作成するために，さらなる考察のヒントについて書かれている．

6.1 考察のヒント（つづき）

（4） 私たちの身の回りには偏光を利用した物がある．例えば，携帯電話，電卓，3D メガネで使われているが，どのようなものか，調べてみよう．

（5） 理想的な偏光板は，エネルギー透過率 a_{90} は 0 であるが，実際には，いくらかの光が透過してくる．今回使用した偏光板のエネルギー透過率の比 a_{90}/a_0 を I_0 と I_{90} の測定値と関係式 (3) を用いて求めてみよう．

（6） P の値が常に負の値になることを，偏光の原理から考えて書きなさい．

（7） この実験から学んだことを考えて書きなさい．

15　銅の電気化学当量

1　実験概要と目的

　硫酸銅水溶液中に銅製の電極板を2枚立てて電圧をかけると，銅イオン Cu^{2+} が溶液中を移動して負極で Cu に変わることにより，電流が流れる．負極の銅板の質量の増加，電流と電流を流した時間を測定して，銅の質量とそれを運んだ Cu^{2+} の電気量の比である電気化学当量を得る．

　キーワード：硫酸銅水溶液，銅イオン，電気化学当量

2　原　　理

　中性の銅原子 Cu から電子を2個取り去ったものを銅イオン Cu^{2+} という．硫酸銅の水溶液内では，$CuSO_4 \rightarrow Cu^{2+} + SO_4^{2-}$ のように銅イオン Cu^{2+} と硫酸イオン SO_4^{2-} の電離が起こり，両イオンが溶液中で別々に移動できるようになっている．このような溶液を一般に**電解液**と呼ぶ．

　図1のように，この溶液に1対の銅板 P と K を浸し，板間に直流電圧をかけると両イオンが板間を互いに反対方向に移動して電流が流れる．電源のはたらきで，負極 K には電子が過剰にあり，正極 P には電子が不足している．Cu^{2+} は K に向かい，K から電子2個を受け取り Cu 原子になって銅板 K 上に析出する．一方，SO_4^{2-} は P に向かうが，P に直接に電子を渡すことはないことが知られている．代わりに，銅板 P からは Cu 原子が電子2個を残して Cu^{2+} となって溶液中に溶け出す．P に残された電子は電源を通る回路を経て K の方に流れてゆく．電気量1C（電子数 6.24×10^{18} 個に相当）あたりに析出する原子の質量を**電気化学当量**という．

[補足]　全体をみると，負極 K には Cu が析出し，正極 P からは Cu が溶け出している．溶液中では，Cu^{2+} イオンが P から K へ電荷と質量を運んでいる．このため，K の質量は増加し，P の質量は減少する．このような動作をするものを一般にボルタメーターと呼ぶ．

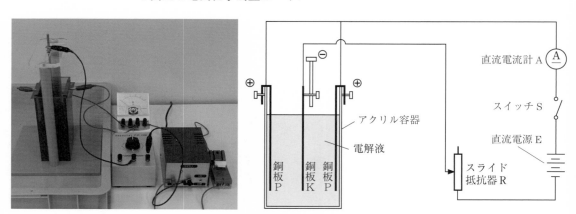

図1　電気化学当量の測定装置（左は写真）

　図1で，t 秒間スイッチ S を閉じて，その間 i [A] の電流が流れると，この間に移動する電気量は $Q = it$ [C] である．通電開始前の銅板 K の質量を m_1 [kg]，通電終了後の質量を m_2 [kg] とすると，質量の増加は $\Delta m = m_2 - m_1$ となる．

このとき，

$$\Delta m = kQ \tag{1}$$

が成り立ち，析出した銅の質量 Δm は回路を流れた電気量 Q に比例する．これは，**ファラデーの電気分解の法則**と呼ばれる．比例係数 $k\,[\mathrm{kg/C}]$ が銅の電気化学当量であり，

$$k = \frac{\Delta m}{Q} = \frac{m_2 - m_1}{it} \tag{2}$$

によって値が得られる．

3　実験器具リスト

　銅板2種類3枚，角型アクリル容器，スライド抵抗器（3–6B），直流電源，スイッチ，直流電流計（フルスケール5A），配線コード6本，電解液入丸型フラスコ，サンドペーパー，ドライヤー，大型トレー，銅板支持台，銅板を吊るす金具，ビーカー（1000 ml），ストップウォッチ（3–3A），電子天秤（3–2B共通），洗浄ビン（水道水が入っている），キムワイプ

【注意】　電解液は実験時間以外は必ず丸型フラスコに入れて保管する．

4　実験の手順

① 実験装置を図1のように構成する．スイッチSを開いたままで，正負の極性を間違えないように，全体を結線する．
② 電解液を保管用フラスコから角型アクリル容器に入れる．
③ 電極の銅板はなるべく平行に向き合い，溶液に十分に浸るようにする．
④ Sを閉じて電流を流し，スライド抵抗器Rを調節して直流電流計Aの指示を約2Aとする．
⑤ Sを開いて電流を切る．銅板KとPを取り出して，ビーカーの上で洗浄ビンの水をかけて軽く洗い流す（洗った水（廃液）がビーカーにたまるようにする）．ビーカーにたまった廃液は適宜ポリタンクに捨てる．銅板をキムワイプでふき，目の細かい水性サンドペーパーで磨いた後，水道でよく水洗いをする．
⑥ 2枚のPを溶液中に戻し，もとのように取り付ける．
⑦ 水洗いしたKをドライヤーで十分に乾かし，温度が室温まで下がったら，その質量 $m_1\,[\mathrm{g}]$ を電子天秤を用いて1/1000 gまで測定する．その後，溶液中にもとのように取り付ける．
⑧ Sを閉じて電流を流す．開始時刻を $t_1\,[\mathrm{s}]$ とする．
⑨ Aの指示値 $i\,[\mathrm{A}]$ を30秒ごとに測定し，表1のように記録する．最小目盛の1/10まで読みとること．
⑩ 約5分後にSを開いて電流を切る．終了時刻を $t_2\,[\mathrm{s}]$ とする．
⑪ ⑨で記録した i を平均して $\bar{i}$ とする．求めた $\bar{i}$ および通電時間 $t = t_2 - t_1\,[\mathrm{s}]$ より，電解液を通過した電気量 $Q = \bar{i}t\,[\mathrm{C}]$ を求める．
⑫ Kを取り出し，ビーカーの上で洗浄ビンの水をかけて軽く洗い流す（廃液がビーカーにたまるようにする）．Kをドライヤーで乾かす．温度が室温まで下がってから，その質量 $m_2\,[\mathrm{g}]$ を測定し，質量の増加 $\Delta m = m_2 - m_1\,[\mathrm{g}]$ を求める．

【参考】　実験で使う電解液は蒸留水 $100\,\mathrm{cm}^3$ に濃硫酸を $2\,\mathrm{cm}^3$，エチルアルコールを $2\,\mathrm{cm}^3$，硫酸銅 $CuSO_4$ を $20\,\mathrm{g}$ の割合で溶かした溶液である．

表1　電流値の時間変化（1回目）

時間 t/s	電流値 i/A
0	2.00
30	…
60	…
…	…
…	…

⑬ 式 (2) より，k [g/C] を求め，k_1 [g/C] とする．k_1 と参考値を比較して結果を検討し，実験方法や手順について確認する．

⑭ ⑦〜⑫の操作をもう 1 度行い，求めた k の値を k_2 [g/C] とする．k_1 と k_2 の値が大きく違った場合は，さらにもう 1 回実験を行う．

⑮ k_1, k_2 を平均し，有効数字をよく考えてから，単位を換算して $\overline{k}$ [kg/C] を求める．

⑯ 銅の k の値は 3.293×10^{-7} kg/C であることが知られている．今回の測定結果をこの参考値と比較する．

【注意】 計算は単位の換算をしてから行う．正確な単位換算ができることは，非常に重要である．

ここまで終わったら，指導教員にチェックを受ける．実験器具はまだ片付けないこと．

⑰ ビーカーにためた廃液をポリタンクに捨てる．電解液は空のビーカーを使って，保管用丸型フラスコに注意深く戻す．電解液はポリタンクに捨てないこと．電解液のついた銅板 K と P，ビーカー，角型アクリル容器は，洗浄ビンの水をかけて軽くすすぐ．廃液は，ポリタンクに捨てる．

5   考察のヒント

（1）　今回の測定結果を参考値と比較しなさい．結果が大きく違うときは，測定や計算は正しかったかなど，その原因を考えて考察欄へ具体的に書きなさい．

（2）　ファラデーは，式 (2) の k がイオン価 z と物質によらない定数 F 〔C/mol〕によって，$k = \dfrac{M}{zF}$ と表されることを確かめた．M〔kg〕は析出した物質の原子量であり，F はファラデー定数と呼ばれる．のちに，原子と電子の存在が立証され，電気素量 $e = 1.6 \times 10^{-19}$ C が測定された．その結果，アヴォガドロ定数 N_A〔mol^{-1}〕を使って，$F = N_A e$〔C/mol〕と表されることが明らかになった．ここで原子 1 個の質量を m_a〔kg〕とすると，$k = \dfrac{M}{zF} = \dfrac{m_a}{ze}$ となる．実験で得られた k を使って銅電子 1 個の質量 m_a を計算しなさい．

【注意】 レポートでは，文章によって表，グラフ，結果，考察などを説明することが重要である．数値，表，グラフなどを単に並べたものはレポートと呼べない．1–9 のレポートの例を参考にしなさい．

6   より良いレポート作成のために

ここでは，より良いレポートを作成するために，データ解析の方法とさらなる考察のヒントについて書かれている．

6.1   実験の手順（つづき）

不確かさの計算

上の 5（1）の考察によって，測定ミスがないことを確認できたら，次に進む．

⑱ $\overline{k}$ の平均値の不確かさを計算し，単位を換算して $\sigma_{\overline{k}}$ [kg/C] とする（2–5 参照）．

⑲ 結果を $\overline{k} \pm \sigma_{\overline{k}}$ [kg/C] とまとめる．有効数字（2–4）に注意すること．

6.2　考察のヒント（つづき）

（3）　（考察のヒント（1）に代えて）⑲で表される $\overline{k}$ の測定結果の範囲から参考値がはずれているときは，測定が不適切だった場合もある．考えつく原因があれば具体的に書きなさい．

（4）　クーロンの法則によると，1 C と −1 C の電気量が 1000 m 離れているとき強さ 9000 N の力で引き合う．クーロン力はこのように強い．今回の実験で扱った Q は何 C か．それが目立たないのはどうしてだろうか．

（5）　図1のような装置の応用例を調べて書きなさい．

（6）　k_1 の不確かさを σ_1，k_2 の不確かさを σ_2 とする．σ_1 と σ_2 を求めよ．さらに，重み付き平均（2–9）にある式 (51) で定義された合成された不確かさ，および式 (52) で定義された最良推定値を計算し，真値の推定値を求めよ．

（7）　この実験から学んだことを考えて書きなさい．

16　半導体のエネルギーギャップ

1　実験概要と目的

半導体素子の温度を変化させながら直流電気抵抗を測定する．温度が上がると，エネルギーをもらって活性化される電子とホールの数が増加して電流が増加する．電気抵抗の温度変化を解析してエネルギーギャップの大きさを得ることにより，半導体の電気伝導の機構を調べる．

キーワード：半導体，電気抵抗，エネルギーギャップ

2　原　理

金属では，自由に動ける電子がたくさんあるので電気抵抗率が小さい．半導体では，ほとんどすべての電子が結晶を作るために使われていて，自由に動ける電子が少なく電気抵抗率が大きい．半導体の温度を上げると自由な電子が増えて抵抗が減る．この仕組みは次のようになっている．

図1は半導体内部の電子がもち得るエネルギーの領域（帯域）を示すものである．(a) は温度が $T = 0$ K（絶対零度）のときで，(b) は温度が日常環境程度のときである．**充満帯**とは，結晶を作るために原子から離れることができない電子がもち得るエネルギーの帯域である．**伝導帯**とは，原子から離れて自由に動ける電子（伝導電子）がもち得るエネルギーの帯域である．**禁制帯**とは，電子がもち得ないエネルギーの帯域である．電子が自由に動けるようになるには，まずこの禁制帯のエネルギーギャップ E_g をのり越えて充満帯から伝導帯に上がる必要がある．温度が上がると，(b) のように少数の電子が伝導帯に上がり，充満帯には電子の抜けた正孔（ホール）ができる．外部から電圧がかけられると**伝導電子**と**ホール**（これらを**キャリアー**という）が移動して電流が流れる．

[**たとえ話**] 1 階の駐車場は満車で，2 階の駐車場は車なしとする．動ける車はない．1 階の車が数台 2 階に上がれば，2 階のみならず 1 階でも車が動けるようになる．2 階の車は伝導電子，1 階の空き場所はホールにたとえられる．車を上げるにはエネルギーが必要だ．

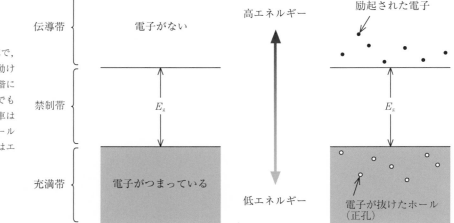

図1　半導体における電子のエネルギー準位

絶対温度 T の半導体のキャリアーの数は $\exp(-E_{\mathrm{g}}/2kT)^*$ に比例する. k はボルツマン定数で $1.381 \times 10^{-23}\,\mathrm{J/K}$ である. 電気抵抗率はキャリアーの数に反比例するので, 特定の試料素子 (サーミスター) の電気抵抗 $R[\Omega]$ は, 比例定数を $R_0[\Omega]$ として,

$$R = \frac{R_0}{e^{-\frac{E_{\mathrm{g}}}{2kT}}} = R_0 e^{\frac{E_{\mathrm{g}}}{2kT}} \tag{1}$$

で表される.

実験ではいろいろな T で R を測定し, E_{g} の値を求める. 式 (1) の対数をとると,

$$\log_e R = \log_e R_0 + \frac{E_{\mathrm{g}}}{2kT} \tag{2}$$

となる. 測定で得られる T と R について, $1/T$ と $\log_e R$ を計算して図2のようなグラフに描くと直線となり, その傾き b から $E_{\mathrm{g}} = 2bk$ [J] となる. 最終的には, $1\,\mathrm{eV} = 1.602 \times 10^{-19}\,\mathrm{J}$ のエネルギー換算式を使って, E_{g} を eV (電子ボルト, もしくはエレクトロンボルトと読む) 単位で表す.

*$e^{-\frac{E_{\mathrm{g}}}{2kT}}$ と同じ意味である.

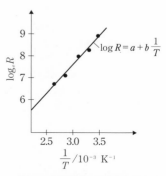

図2 電気抵抗の温度変化

3 実験器具リスト

測定用サーミスター, 温度計, メスシリンダー $100\,\mathrm{ml}$, マルチメーター (テスター), 湯沸しポット, 配線コード4本, スライダック (3–6C), スタンド, 穴あきゴム栓

4 実験の手順

① 図3のように, サーミスターと温度計をメスシリンダーに入れ, メスシリンダー全体を湯沸かし器の水中に浸す. (メスシリンダーの中には水を入れない.)

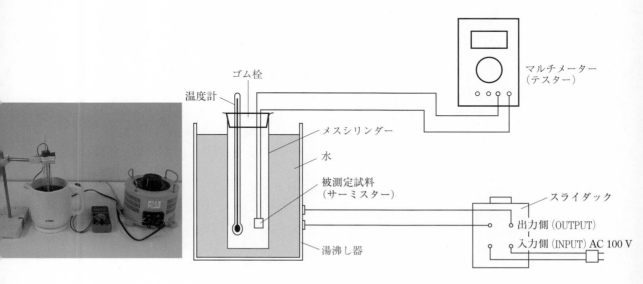

図3 実験装置

② 試料のリード線を図のようにマルチメーター（テスター）の抵抗測定端子につなぎ，マルチメーター（テスター）のロータリースイッチで Ω を選択する．

③ メスシリンダー内の温度 t_1 [℃] とそのときのサーミスターの抵抗 R_1 [Ω] を測定する．

④ スライダックの電圧調整つまみを反時計回りに回しきって 0 V にしてから，湯沸かし器をスライダックの出力側端子につなぎ，入力側端子を AC100 V のコンセントにつなぐ．（感電を防ぐため，配線の被覆のない部分には触れない．）

【注意】 水の温度変化が測定対象に伝わるまでには時間がかかる．水の温度を急激に上げてしまった場合は，たとえ電圧を下げても測定対象の温度が上昇し続ける．このような場合は水を交換してやり直す方が良い．

⑤ スライダックの電圧を適切に調整して湯沸かし器の水温を 10 ℃ くらいゆっくり上げる．温度を上げすぎたときは電圧を下げる．

⑥ 温度がほぼ 10 ℃ 上がったとき，温度 t_2 [℃] と抵抗 R_2 [Ω] を測定する．表 1 のような表を作り，記録する．

表 1　サーミスターの電気抵抗の温度変化

番号 i	温度 t_i /℃	抵抗 R_i /kΩ	絶対温度 T_i /K	X_i $(=1/T_i)$ /$\times 10^{-3}$ K^{-1}	Y_i $(= \log_e R_i)$
1	20.8	5.650	294.0	3.401	8.639
2	...	...	...	...	...
3	...	...	...	...	...
...	...	...	...	...	...
...	...	...	...	...	...

⑦ ⑤と同じ操作で水温を約 10 ℃ ずつ上げながら，⑥と同じ測定を後 5 回（計 7 回）行い，温度 $t_3, \cdots, t_7$ [℃] とそれに対応する抵抗 $R_3, \cdots, R_7$ [Ω] を測定する．

【注意】 R_i と X_i の単位は表 1 と本文中で異なっているので注意すること．

⑧ 表 1 のように t_i [℃] $(i = 1, 2, \cdots, 7)$ を絶対温度 $T_i = t_i + 273.15$ [K] に換算し，$X_i = 1/T_i$ [K^{-1}] を計算する．次に，R_i [Ω] $(i = 1, 2, \cdots, 7)$ から $Y_i = \log_e R_i$ を計算する．

注意　電卓で $\log_e R$ を計算するときは $\boxed{\log}$ キー（$\log_{10} R$）でなく $\boxed{\ln}$ キー（$\log_e R$）を用いる．

⑨ グラフ用紙に (X_i, Y_i) をプロットする．図 2 のようなグラフが期待される．直線とは思えないような結果なら，実験をやり直す．

⑩ 湯沸かし器の水を入れ換えて，③〜⑨の手順をもう一度繰り返す．

【注意】 計算は単位の換算をしてから行う．正確な単位換算ができることは，非常に重要である．

⑪ 2 つの直線の傾き b をそれぞれグラフより求め，それぞれのエネルギーギャップ $E_g = 2bk$ [J] を計算する．さらに，エネルギーの換算式 1 eV = 1.602×10^{-19} J で，これらの E_g を eV 単位に換算し，それぞれ E_{g1}，E_{g2} [eV] とする．E_{g1}，E_{g2} の値が大きく違った場合は，さらにもう 1 回実験を行う．

⑫ E_{g1} と E_{g2} の平均値 $\overline{E_g}$ [eV] を求め，有効数字をよく考えて，結果とする．

⑬ 実験に使ったサーミスターの E_g の値は，0.4〜0.6 eV であることが知られている．今回の測定結果をこの参考値と比較せよ．

ここまで終わったら，指導教員にチェックを受ける．実験器具はまだ片付けないこと．

5　考察のヒント

（1）　今回の測定結果を参考値と比較しなさい．結果が大きく違うときは，測定や計算は正しかったかなど，その原因を考えて考察欄へ具体的に書きなさい．

（2）　このテーマでは，図2のように横軸に $1/T$，縦軸に $\log_e R$ をとってグラフを描いた．横軸に T，縦軸に R をとるとどのようなグラフになるだろうか．図2のようなグラフを描く利点を考えて書きなさい．

（3）　R の温度変化の測定結果を，「エネルギーギャップ E_g」の役割に注目して説明しなさい．

（4）　このような素子はどのような役に立つか，応用法を調べて書きなさい．

6　より良いレポート作成のために

ここでは，より良いレポートを作成するために，データ解析の方法とさらなる考察のヒントについて書かれている．

6.1　実験の手順（つづき）

最小2乗法および不確かさの計算

上の5（1）の考察によって，測定ミスがないことを確認できたら，次に進む．

⑭　最小2乗法（2–8）を用いて b を求め，より正確な E_g1 と E_g2 を求め，その平均値 $\overline{E}_\mathrm{g}$ [eV] を求める．

⑮　$\overline{E}_\mathrm{g}$ の平均値の不確かさ $\sigma_{\overline{E}_\mathrm{g}}$ [eV] を計算する（2–5参照）．

⑯　結果を，$\overline{E}_\mathrm{g} \pm \sigma_{\overline{E}_\mathrm{g}}$ [eV] のようにまとめる．有効数字（2–4）に注意すること．

6.2　考察のヒント（つづき）

（4）　（考察のヒント（1）に代えて）⑯で表される $\overline{E}_\mathrm{g}$ の測定結果の範囲から参考値がはずれているときは，測定が不適切だった場合もある．考えつく原因があれば具体的に書きなさい．

（5）　半導体では，温度を上げると電気抵抗が減る．金属導体ではこの逆になる．なぜだろうか．両者の違いを考えてわかりやすく書きなさい．

（6）　電気があまり流れない絶縁体のエネルギーギャップは，半導体の10倍以上大きい．このことから，絶縁体の電気抵抗が室温付近で非常に大きくなることを説明しなさい．

（7）　E_g1 の不確かさを σ_1，E_g2 の不確かさを σ_2 とする．σ_1 と σ_2 を求めよ．さらに，重み付き平均（2–9）にある式（51）で定義された合成された不確かさ，および式（52）で定義された最良推定値を計算し，真値の推定値を求めよ．

（8）　この実験から学んだことを考えて書きなさい．

17　共振回路の Q 値

1　実験概要と目的

　コイル，コンデンサーおよび抵抗を直列につないだ回路に交流電流を流すと，ある周波数で電流値が最大になる共振現象が起こる．このテーマでは，電流の周波数変化をオシロスコープによって観測し，電流の周波数変化を共振曲線として描くことにより，共振の鋭さを表す Q 値を得る．

　キーワード：共振，共振周波数，共振の Q 値

2　原　　理

　LRC 直列共振回路とは，図1のように，交流電源にコイル，抵抗，コンデンサーが直列につながれた回路である．交流の周波数が低いときには電流はコイルは通りやすいがコンデンサーを通りにくい．また，周波数が高くなるとこの逆になる．結果として，ある周波数で電流が最大となる．この現象を**共振**，その周波数を**共振周波数**という．

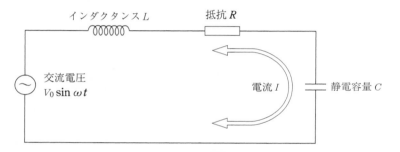

図1　LRC 直列回路

　コイルのインダクタンス L，抵抗 R，コンデンサーの静電容量 C の直列回路に電圧 $V = V_0\sin\omega t$ の交流電源をつないだとき，回路を流れる交流電流 I は，微分方程式，

$$L\frac{\mathrm{d}I}{\mathrm{d}t} + RI + \frac{1}{C}\int I\mathrm{d}t = V_0\sin\omega t \tag{1}$$

に従うように決まる．これはキルヒホッフの法則である．左辺3項目の $\int I\mathrm{d}t$ は時刻 t にコンデンサーに蓄えられている電荷である．この方程式の解は次のような交流電流である．

$$I = I_0\sin(\omega t - \phi) \tag{2}$$

ここで，電流の振幅 I_0 および位相の遅れ ϕ はそれぞれ，

$$I_0 = \frac{V_0}{\sqrt{R^2 + \left(\omega L - \dfrac{1}{\omega C}\right)^2}} \tag{3}$$

$$\phi = \tan^{-1}\frac{\omega L - \dfrac{1}{\omega C}}{R} \tag{4}$$

で表される．

交流の周波数 f [Hz] を横軸に，振幅 I_0 を縦軸にとってグラフを描くと図2
のようになる（観測をオシロスコープで行うので縦軸の記号を電圧 V にしてあ
る）．I_0 が最大になるのは $\omega L - 1/\omega C = 0$ のときである．これより，ω [rad/s]
と f [Hz] の関係 $\omega = 2\pi f$ を使うと，共振周波数 f_0[Hz] は，

$$f_0 = \frac{1}{2\pi\sqrt{LC}} \tag{5}$$

となる．抵抗 R が小さいほど共振を表すグラフはピークの幅が狭く鋭くなる．

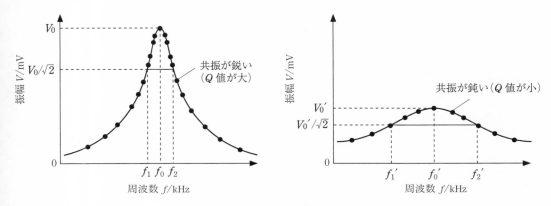

図2　共振曲線

共振の特性を表すために，図2のような V の最大値 V_0 の $1/\sqrt{2}$ の位置の周
波数 f_1[Hz]，f_2[Hz] を使って，共振の鋭さを表す量 Q を次の式で定義する．

$$Q = \frac{f_0}{f_2 - f_1} \tag{6}$$

実験では，図4のように結線した回路を使い，電流を抵抗 R_0 で電圧 V に変
換してオシロスコープで観測する．共振のようすを表す図2のような曲線グラ
フ（共振曲線）を描き，共振の Q を求める．

A:OUTPUT（信号出力端子）
B:ATTENUATOR（出力選択）
C:AMPLITUDE（振幅調節ダイアル）
D:WAVE FORM（波形選択スイッチ）
E:POWER（電源スイッチ）
F:FERQ.RANGE（周波数レンジスイッチ）
G:周波数可変ダイアル

図3　信号発生器パネル

【参考】　図1で抵抗 R があま
り大きくないときは，共振の Q は
$Q = \frac{1}{R}\sqrt{\frac{L}{C}}$ で表わされる．また，
コイルとコンデンサーのそれぞれ
の端子間には電源電圧の Q 倍の電
圧が現れる．電気振動は交流電源
がなくても，何かの短い電気的な
刺激があれば共振周波数の振動と
して発生し，やがて減衰する．こ
のとき，Q が大きいほど振動の持
続時間が長い．

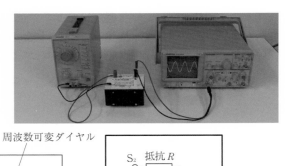

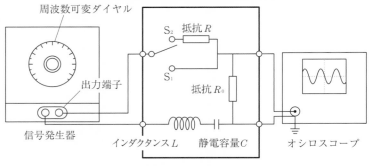

周波数可変ダイヤル

S₂ 抵抗 R

S₁ 抵抗 R_0

出力端子

信号発生器　　　インダクタンス L　静電容量 C　オシロスコープ

図 4　実験装置（上は写真）

3　実験器具リスト

　信号発生器（図 3），共振回路，オシロスコープ（3–6D），オシロスコープ用ケーブル，配線コード 2 本

4　実験の手順

① 信号発生器，共振回路，オシロスコープを図 4 のように結線する．

② 信号発生器のパネルを次のように設定する．
　　FREQ. RANGE (Hz)：×10 k のプッシュスイッチを押す
　　WAVE FORM：～ を選択するのでスイッチは飛び出た状態にする
　　ATTENUATOR (dB)：回転スイッチで 0 を選択
　　AMPLITUDE：MAX の位置にダイアルを回しておく
　　左側上部の周波数可変ダイアルを回し，70 と書かれた線が逆三角形の頂点の位置になるよう設定する．このとき信号発生器は 70 × 10 k = 700 kHz の信号を出力する．

③ 共振回路のスイッチを S₁ 側にいれる．

【注意】 オシロスコープのつまみの機能，操作方法については 3–6D を参照すること．

④ 信号発生器とオシロスコープ（3–6D）のスイッチを入れる．まず，オシロスコープの縦軸と横軸のスケールを，次のように設定する．
　　縦軸：20 mV/DIV，横軸：10 μs/DIV

⑤ 縦軸と横軸のスケールおよび位置を波形が見やすいように適切に変える．図 3.14 のような画面が現れるはずである．以後も，この調節はたびたび必要になる．波形が見えないときは結線や装置の設定を点検する．接触不良のときもある．全く動作しないときは指導教員に連絡する．

⑥ 信号発生器の周波数可変ダイヤルつまみを，共振回路に記載してある周波数付近で，右や左にゆっくり回して，オシロスコープの信号波形が最大振

幅を示す位置を見出す．オシロスコープに表示されているそのときの周波数の値を安定して読み取れる位まで測定する．それが共振周波数 f_0 である．また，そのときの振幅（最大振幅）の電圧 V_0[mV] を測定する．

⑦ 信号発生器の周波数ダイヤルつまみを左右に回し，信号波形の変化を観察する．図2のようなデータがとれ，グラフから f_1, f_2 の値が読み取れるように，測定する周波数の範囲と間隔を決める．

⑧ 信号発生器の周波数ダイヤルを回して周波数を低い方から高い方に変え，オシロスコープの画面に表示されている周波数 f[kHz] と振幅の電圧 V[mV] を測定し，表1のように記録する．さらに，図2のようなグラフを描き，測定点付近を通る滑らかな曲線を描く．

⑨ f_0 のときの最大振幅 V_0 の $1/\sqrt{2}$ に相当する周波数 f_1 [kHz], f_2 [kHz] を図2のようにグラフから読み取る．

⑩ 式 (6) を用いて，f_0, f_1, f_2 から Q を計算し Q_1 とする．

⑪ Q_1 の有効数字をよく考えて，結果とする．

⑫ 共振回路のスイッチを S_2（抵抗 R が加わる側）に変えて⑦〜⑩を繰り返す．これで得た Q を Q_2 とする．

⑬ Q_2 の有効数字をよく考えて，結果とする．

表1　周波数と振幅（スイッチが S_1 のとき）

周波数 f /kHz	振幅 V /mV
420	9.5
470	…
520	…
…	…
…	…

ここまで終わったら，指導教員にチェックを受ける．実験器具はまだ片付けないこと．

5 考察のヒント

（1）　共振回路が必要な装置や電気製品の例をさがしてみよう．

（2）　現実にはコイルとコンデンサーだけの回路でも，コイルの導線に抵抗があるので，$R = 0\,\Omega$ となることはない．もしも，回路の L や C はそのままで R が非常に小さくなると，どのようなことが起こりそうか，想像して書きなさい．

6 より良いレポート作成のために

　ここでは，より良いレポートを作成するために，データ解析の方法とさらなる考察のヒントについて書かれている．

6.1 実験の手順（つづき）

不確かさの計算

⑭ f_0, f_1, f_2 の読み取り精度から間接測定の不確かさの計算法（2–7）に従っ

【注意】　レポートでは，文章によって表，グラフ，結果，考察などを説明することが重要である．数値，表，グラフなどを単に並べたものはレポートと呼べない．1–9 のレポートの例を参考にしなさい．

て Q_1 の不確かさ σ_{Q_1} を計算する.

⑮　結果を $Q_1 \pm \sigma_{Q_1}$ の形にまとめる.有効数字（2–4）に注意すること.

⑯　f_0, f_1, f_2 の読み取り精度から間接測定の不確かさの計算法（2–7）に従って Q_2 の不確かさ σ_{Q_2} を計算する.

⑰　結果を，$Q_2 \pm \sigma_{Q_2}$ の形にまとめる.

6.2　考察のヒント（つづき）

（3）　共振現象は，電気回路だけに限ったことではない.この実験書の気柱の共鳴（テーマ 7）や弦の共振（テーマ 8）のように，すべての物体で共振現象が起こる.例えば，地震によって建物に共振が起こると，建物が大きく振動して変形し，壊れてしまう危険性がある.壊れないようにするには，Q 値の大きさをどうすればよいか.そのためには建物をどうすればよいか，考えて書きなさい.

（4）　周波数が 1008 kHz の放送局と 1053 kHz の放送局をラジオで混信なく聞き取るために必要な共振回路の Q を試算してみよう.

（5）　この実験から学んだことを考えて書きなさい.

18　コイルのインピーダンスとインダクタンス

1　実験概要と目的

交流および直流電源にコイルをつないで電圧と電流を測定し，インピーダンス Z および抵抗 R をそれぞれ求める．Z，R および交流の周波数 f からコイルに固有な量であるインダクタンス L を求め，電磁誘導の法則を理解する．

キーワード：コイル，抵抗，インピーダンス，インダクタンス

2　原　　理

コイルとは絶縁被覆導線を巻き重ねたものの総称である．電源を使って外部からコイルに電流を流そうとすると，電磁誘導の法則により，いつでもその電流の変化を妨げようとする**誘導起電力**がコイル内に発生する．

あるコイルに時刻 t [s] に電流 I [A] が流れ，かつ $\dfrac{\mathrm{d}I}{\mathrm{d}t}$ の割合で変化しているとき，誘導起電力の大きさ V_L [V] は，

$$V_L = L\frac{\mathrm{d}I}{\mathrm{d}t} \tag{1}$$

と表される．この係数 L [H] をそのコイルの**インダクタンス**と呼ぶ．単位の記号 H はヘンリーと読む．L の値はコイルの形，大きさ，巻き数，鉄心の有無などによって決まる．

電圧が一定の値 $V = V_0$ [V] の直流電源にコイルをつないで，電流 I が変化しなくなっているときは $V_L = 0$ である．このときは，コイルの導線がもつ電気抵抗を R [Ω] として，オームの法則 $V_0 = RI$ が成り立つ．

電圧が $V = V_0 \sin\omega t$ で変化する交流電源にコイルをつないだ回路を図 1 に示す．コイルではインダクタンス成分と抵抗成分が直列になっているとみなす．この回路を流れる電流 $I(t)$ は，微分方程式

$$L\frac{\mathrm{d}I}{\mathrm{d}t} + RI = V_0\sin\omega t \tag{2}$$

に従うように決まる．コイル内の誘導起電力のため，直流の場合よりも電流が減り，位相が遅れて変化する交流電流が流れる．すなわち，この方程式の解は，

$$I = I_0\sin(\omega t - \phi) \tag{3}$$

ただし，電流の振幅 I_0 [A] は，

$$I_0 = \frac{V_0}{\sqrt{R^2 + (\omega L)^2}} \tag{4}$$

電流の位相の遅れ ϕ は，

$$\phi = \tan^{-1}\left(\frac{\omega L}{R}\right) \tag{5}$$

である．交流の場合の　電圧/電流　の振幅の比を**インピーダンス**と呼び，Z [Ω] で表す．すなわち，

$$Z = \frac{V_0}{I_0} = \sqrt{R^2 + (\omega L)^2} \tag{6}$$

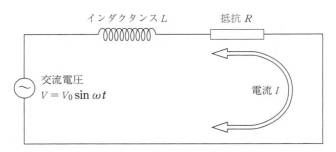

図1　LR 直列回路

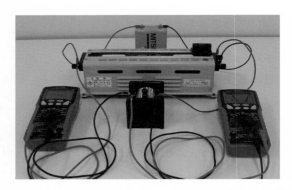
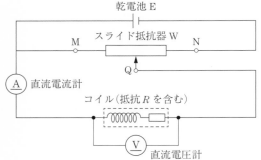

図2　抵抗の測定回路（左は写真）

である.

　実験では，円筒状に巻いたコイルにいろいろな周波数 f [Hz] の交流を流して電流と電圧を測定し，そのときのインピーダンス Z を求める．次に，直流を流して電流と電圧を測定し，抵抗 R を求め，コイルのインダクタンス L [H] を次の式で計算する．

$$L = \frac{\sqrt{Z^2 - R^2}}{2\pi f} \tag{7}$$

この式では f と ω [rad/s] の関係 $\omega = 2\pi f$ を使っている．

3　実験器具リスト

　コイル，大型乾電池，スライド抵抗器（3–6B），デジタルテスター（オートスケール）2台，交流電源，配線コード7本

　デジタルテスターについて

　テスターはさまざまな電気測定を1台でこなせる便利な装置である．それぞれの測定は，選択スイッチ（スイッチが回転するのでロータリースイッチと呼ばれる）を切り替え，電極を適切なソケットに接続することで行える．この実験では，デジタル測定機能を備えた図3に示すデジタルテスターを用いる．2台のテスターを1台は電流計として，もう1台を電圧計として使用する．デジタルテスターは電池で動作するので，使用しないときは電池の消耗をさけるため，ロータリースイッチを OFF の位置にしておく．

図3　デジタルテスター

図4　直流電流計

図5　直流電圧計

4　実験の手順

① デジタルテスターを使用するときは，マイナス（黒）電極は図3の矢印に
示すように，常に右から2番目のソケットに差し込む．まず1台を直流電
流計として使うため，図4の矢印で示したように，プラス（赤）電極を一
番左のソケットに差し込み，中央のロータリースイッチで右側Aを選択す
る．図4の液晶表示部には，電流の値とともに図4の矢印で示した直流記
号 ⎓ が左側に表示される．交流記号 ∼ や電流値の上の別の数値が表示
されていれば，同じ図に示したselectボタンを何度か押して表示を変え，
図4のような表示にする．もう1台のテスターを直流電圧計として使うた
め，図5の矢印で示したように，プラス電極を一番右のソケットに差し込
み，ロータリースイッチで V̄ を選択する．電圧値の上に別の数値が表示さ
れている場合は，selectボタンを押し，表示を消す．

【注意】　直流電圧 V が 3 V を大
きく下回るときは，電池が消耗してい
ると考えられるので，指導教員と相談
する．

② コイルの抵抗 $R[\Omega]$ を求めるために，図2のようにコイル，直流電流計に設
定したデジタルテスター，直流電圧計に設定したデジタルテスター，スラ
イド抵抗器 W，および電池を配線する．配線にあたっては，電池以外の配
線を先に行い W の Q を M に一致させたのちに大型乾電池 E をつなぐ．
スライド抵抗器の MNQ の端子については 3–6B を見よ．

③ W の Q を N の方にすべらせてコイルの両端にかかる直流電圧 $V[\mathrm{V}]$ を変化
させ，適当な5ヵ所の V において直流電流計 A の読み $I_i[\mathrm{A}](i=1,\ldots,5)$
と直流電圧計 V の読み $V_i[\mathrm{V}]$ を測定し，表1のように記録する．

【注意】　適当に測定箇所を決める場
合，例えば最大値と最小値を把握した
上で，おおよそ等間隔で測定するなど
の方法が一般的である．

④ 横軸に I，縦軸に V をとって測定値を図6のようなグラフにする．もし直
線からはずれていればその部分の実験をやり直す．

⑤ この測定がすんだら，まず W の Q を M に一致させ，それを確認したのち
E を取り去る．その後，他の配線をはずす．

⑥ グラフの傾きから R を求める．直流の測定はこれで終りである．

表1 直流電流と直流電圧

番号 i	直流電流 I_i /A	直流電圧 V_i /V
1	0.06	0.37
2	...	...
3	...	...
...	...	...
...	...	...

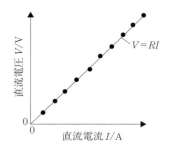

図6 直流電圧と直流電流の関係

⑦ デジタルテスターを交流測定用に設定する．直流電流計から交流電流計への変更は，select ボタンで選択するだけでよい．select ボタンを押していくと，表示が図4から図7のようになる．電流値の上には，周波数の値が表示される．また，電流値の左側には交流記号 ~ も表示される．直流電圧計から交流電圧計への変更は，ロータリースイッチを $\overline{\mathrm{V}}$ の選択から $\tilde{\mathrm{V}}$ へ変更すればよい（図8）．

⑧ 図9のように交流電源の OUTPUT(A) とコイル，交流電圧計，交流電流計を配線する．交流電源は図10に示す．

⑨ 交流電源の B を MIN（最小），C を ~ としてから D を ON にする．

⑩ 2つの E をゆっくりと動かし，F におよそ 200 Hz が表示されるようにし，その周波数を読み取り f_1 [Hz] とする．

⑪ B を回して電圧をゆっくり上げると，それに伴って電流も増加する．適当な5か所の V において，交流電流計 A の読み I_i[A] $(i = 1, \cdots, 5)$ と交流電圧計 V の読み V_i [V] を測定し，表1のような表にする．ただし，測定量は交流電流と交流電圧である．

⑫ 図11のように，横軸に I，縦軸に V をとって測定値 (I_i, V_i) をプロットし，各点の近くを通るように適当な直線を描く．直線の傾きを求め，この場合のインピーダンス Z_{200}[Ω] とする．

⑬ F から周波数を読み取り f_2 [Hz] とする．f_1 と f_2 の平均を $\overline{f}_{200}$[Hz] とする．電圧を MIN（最小）に戻す．

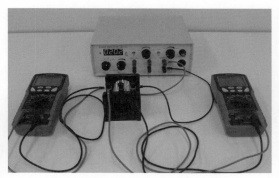

図7 交流電流計　図8 交流電圧計

図9　インピーダンスの測定回路（左は写真）

A：OUTPUT　　　B：電圧調整ツマミ
C：波形選択スイッチ　D：電源スイッチ
E：周波数調整ツマミ　F：周波数パネル

図10　交流電源

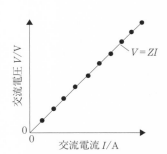

図11　交流電圧と交流電流の関係

⑭　周波数をおよそ 1000 Hz として⑪〜⑬の実験を繰り返す．周波数の平均は $\overline{f}_{1000}$ [Hz] とする．

⑮　Z_{200}，Z_{1000}，$\overline{f}_{200}$，$\overline{f}_{1000}$ および R から式 (7) を使って $\overline{f}_{200}$ および $\overline{f}_{1000}$ のときのインダクタンス L [H] を計算し，その平均値 $\overline{L}$ [H] を求める．計算したときの有効数字をよく考えて，その結果とする．

　　200 Hz と 1000 Hz で L の値が大きく異なる場合は，200 Hz と 1000 Hz の間の適当な周波数でもう一度測定を行う．

ここまで終わったら，指導教員にチェックを受ける．実験器具はまだ片付けないこと．

5　考察のヒント

（1）　L はひとつのコイルに固有の量であり，f にはよらない．異なる f，Z で得られた L の値が大きく異なる場合はその理由をよく考えて考察欄に定量的に書きなさい．

（2）　今回の実験では，直流電流と同じ強さの交流電流をコイルに流すために，直流電圧より大きな交流電圧が必要であった．この結果から，コイルを交流が流れにくいのはなぜか答えなさい．そのときジュール熱は発生していないとする．

（3）　さらに正確に L の値を求めるためには，実験装置や実験・データ解析のやり方をどのように改善すればよいであろうか，考えなさい．

6　より良いレポート作成のために

ここでは，より良いレポートを作成するために，データ解析の方法とさらなる考察のヒントについて書かれている．

6.1　実験の手順（つづき）

最小 2 乗法および不確かさの計算

上の 5（1）の考察によって，測定ミスがないことを確認できたら，次に進む．

⑯　最小 2 乗法（2–8）によって④，⑫のグラフの直線の傾きをより正確に求め，⑮と同様の計算を行う．

⑰　$\overline{L}$ の平均値の不確かさ $\sigma_{\overline{L}}$ [H] を計算する（2–5 参照）．

⑱　結果を $\overline{L} \pm \sigma_{\overline{L}}$ [H] のようにまとめる．有効数字（2–4）に注意すること．

6.2　考察のヒント（つづき）

（4）　コイルに誘導起電力が発生すると，なぜ交流電流が流れ難くなるかをなるべく簡単に書きなさい．

（5）　コイルを含む回路に大電流を流したままスイッチを切ると，測定に使っていた機器が破損することがある．その理由を式 (1) をもとに説明しなさい．

（6）　この実験から学んだことを考えて書きなさい．

19 電子の比電荷

1 実験概要と目的

　電子は電場中または磁場中で加速度運動をする．加速度の大きさは電子の電荷 $-e$ と質量 m の比の大きさである比電荷 e/m [C/kg] に比例する．このテーマでは，電子に電場をかけ，クーロン力を作用させて加速する．その電子を磁場中に入射し，ローレンツ力を作用させて円運動をさせる．円軌道の半径を測定することにより，電子の比電荷を得る．

　キーワード：電子，電場，磁場，比電荷

2 原　理

　電荷 q [C] を持つ粒子が磁場 $\boldsymbol{B}$ [T] がある空間を速度 $\boldsymbol{v}$ [m/s] で運動するとき，磁場から粒子にローレンツ力 $\boldsymbol{F} = q\boldsymbol{v} \times \boldsymbol{B}$ [N] が作用する．したがって，粒子は運動方程式 $m\boldsymbol{a} = q\boldsymbol{v} \times \boldsymbol{B}$ にしたがうように運動を続ける．ここで，m [kg] は粒子の質量，$\boldsymbol{a}$ [m/s^2] は粒子の加速度である．

　電子は質量が軽いので，運動エネルギーが小さい場合は，弱い磁場でもその軌道を曲げることができる．以下に説明するように，磁場が一様で速度が磁場に垂直な場合は**円軌道**が実現する．この軌道を観測すれば，ローレンツ力のはたらきと運動の起こり方（運動方程式の解）をいろいろな条件で調べることができる．磁場の強さ，電子の速さ（運動エネルギー），円軌道の半径がわかれば電荷 $q = -e$ と質量 m の比の大きさ e/m が求められる．

　この実験テーマでは，電子の軌道が見えるように工夫されている図 1 のような装置を使う．ローレンツ力は 3 次元で考えることが必要である．ベクトル $\boldsymbol{B}$，$\boldsymbol{v}$，$\boldsymbol{F}$，$\boldsymbol{a}$ の向きは装置を基準にするのがわかりやすい．実験者はこの装置の前にいるとしよう．初速度を電子銃で与えられた電子は図の管球内で運動する．磁場はヘルムホルツコイルでつくられる．円軌道の半径は管球の外から読み取る．

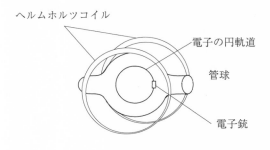

真空管球

図 1　比電荷測定装置の管球の周辺図

　ヘルムホルツコイルとは図 2 のような配置の 1 対の円形コイルである．コイルの電流の向きと磁場の向きの関係は図の通りである．中心 O 点の磁場の強さ B [T] はコイルの構造と電流 I [A] で決まる．この装置の場合は次の式で表される．

$$B = 7.8 \times 10^{-4} I \tag{1}$$

この計算式は電磁気学から得られる．磁場は O 点周辺でほぼ一様で，中心軸から 6 cm 離れた位置でも B がこれより 1 % 減少する程度である．実験者はこのような磁場を図 2 の右側から眺めることになる．

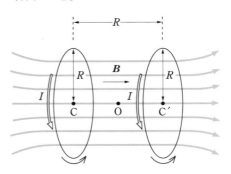

図 2　ヘルムホルツコイルとその電流磁場　この装置では，$R = 15\,\mathrm{cm}$，各コイルの巻き数は 130 回である．

図 3　電子銃

電子銃の写真を図 3 に示す．カソードは内部のフィラメントで熱せられて，熱電子を飛び出させる．カソードとプレートの間に，この熱電子を引き寄せるような電圧 V [V] をかけると，この間で仕事 eV [J] がなされて，電子は運動エネルギー

$$\frac{1}{2}mv^2 = eV \tag{2}$$

を獲得する．加速された電子の一部がプレートの孔を通して空間に打ち出される．電圧 V を調節して，この電子の速さ v を自由に変えることができる．実験では，上の水平磁場に対し，初速度が鉛直上向きとなるように電子銃の向きを選ぶ．

上のような磁場と初速度を持つ電子の運動を図 4 に示す．図のページを机に立てると状況が近くなる．強さ B [T] の一様な磁場がこちらを向いている．この磁場に垂直に飛ぶ電子に作用するローレンツ力の向きを太い矢線で示す．力の大きさは evB [N] である．力と速度はいつも互いに垂直なので，運動エネルギーも変わらない．結果は等速円運動となる．この半径を r [m] とすれば，円運動の加速度の大きさは $\frac{v^2}{r}$ [m/s²] なので，**電子の運動方程式**は，

$$\frac{mv^2}{r} = evB \tag{3}$$

となる．管球内が真空ならこの円軌道は見えない．実際には微量のヘリウムなどのガスが封入されていて，一部の電子が衝突したガス原子が光を出して電子全体の通路を表示している．

B と I の関係式 (1) および v と V の関係式 (2) を使って，式 (3) を書き直すと，

$$\frac{e}{m} = 3.3 \times 10^6 \frac{V}{I^2 r^2} \tag{4}$$

となり，電子の比電荷 e/m を測定値 I, V, r で表わすことができる．なお，係数 3.3×10^6 はコイルの構造からくる定数である．

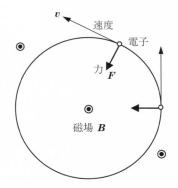

図4　磁場内での電子の運動

3　実験器具リスト

　電子の比電荷測定器（電子銃用電源付），直流電圧計（3–6A，フルスケール300V），直流電流計（3–6A，フルスケール5A），配線コード6本，12V直流電源，カセトメータ（3–1D），懐中電灯

4　実験の手順

① 　実験装置は，電子の比電荷測定器本体，磁場をつくる直流電源と直流電流計，加速電圧を測る直流電圧計からなる．これらを図5のように結線する．

図5　実験装置と配線図（左は写真）

② 　本体の加速電圧可変つまみを左にまわして，出力電圧の最低位置にしておく．

③ 　直流電源の電流可変つまみを左にまわして，出力電流の最低位置にしておく．

④ 　直流電源のスイッチを入れ，電流可変つまみを右にまわして，電流を1.2Aまで上昇させる．電流可変つまみを回しても電流が上昇しない場合は，直流電源の電圧可変つまみを回す．

⑤ 　本体の電源スイッチを入れ，管球のフィラメントが点くのを確認する．2分以上経過したら出力電圧つまみを右にまわす．電流計，電圧計の表示が振り切れないよう，注意して電圧を上昇させる．

⑥ 　装置が正常なら，⑤の途中で管球内に電子の描く円軌道が見え始める．円

【注意】 　実験用の直流電源には電流と電圧を設定するつまみが両方あるが，実際は片方（例えば電流）を設定すればもう片方（電圧）も決まる．電源からは電流の設定値と電圧の設定値から決まる電流のうちの低い方の電流が出力される．

軌道でなくて，らせん軌道が見える場合（B と v が垂直でない場合）は教員に連絡する．

⑦ V を大きくすると円が大きくなる．円を適当な大きさにしておいて，I を増やすと円が小さくなる．つまり，2 つの可変つまみで円の大きさを自由に変えられる．本測定に移る前に，メーターの表示に注意しつつ V と I を適当に増減させてみて，これらの現象をよく観察しておく．

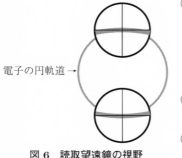

電子の円軌道 →

図 6   読取望遠鏡の視野

⑧ 読み取り望遠鏡，カセトメータ（3–1D の図 3.5 および使い方を参照）を使って，図 6 の要領で，円軌道の直径 $2r$ を読み取る練習をする．軌道は線でなく幅があるので，望遠鏡の視野内の十字線を活用して軌道幅の中心を読み取るように注意する．副尺を使わずに，0.1 mm まで読みとればよい．ここまでが本測定の準備であり，以下が本測定である．

⑨ I を 1.2 A に保って，V を円が見える範囲で 10 V ずつ増加させ，そのときの直径 $2r$ [m] を測定する．

⑩ 表 1 のように V [V]，$2r$ [m]，r [m]，r^2 [m^2] の表をつくり，r^2 を横軸に V を縦軸にして図 7 のようなグラフを描く．

表 1   電圧と半径（$I = 1.2\,\mathrm{A}$）

電圧 V /V	円軌道の上端 /10^{-2} m	円軌道の下端 /10^{-2} m	直径 $2r$ /10^{-2} m	半径 r /10^{-2} m	r^2 /10^{-3} m^2
150	13.50	6.16	7.34	3.67	1.35
160	…	…	…	…	…
170	…	…	…	…	…
…	…	…	…	…	…
…	…	…	…	…	…

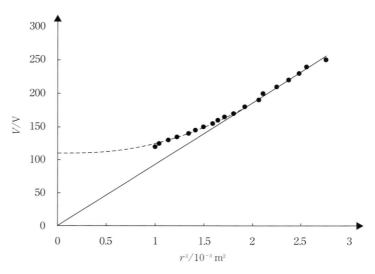

図 7 r^2 と V の関係（$I = 1.16\,\mathrm{A}$）

⑪ 図 7 のグラフにならって原点を通る直線を引き，直線の傾き a [V/m²] を求める.

⑫ 原理の式 (4) によれば，$e/m = 3.3 \times 10^6 \times a/I^2$ [C/kg] である．⑪の a を代入し，e/m を求め，有効数字をよく考えて，結果とする.

⑬ 電子の比電荷は $e/m = 1.758820 \times 10^{11}$ C/kg であることが知られている．今回の測定結果をこの参考値と比較する.

⑭ 測定が終了したら，まず加速電圧可変つまみを最低位置に戻し，電源の出力電流を最低位置に戻してから装置のスイッチを切る.

ここまで終わったら，指導教員にチェックを受ける．実験器具はまだ片付けないこと.

5 考察のヒント

（1） 今回の比電荷 e/m の測定結果を参考値と比較しなさい．結果が大きく違うときは，測定や計算は正しかったかなど，その原因を考えて考察欄へ具体的に書きなさい.

（2） 電子は目で見ることはできない．この実験で見えているものの実体はなんだろうか．そのために，測定結果が影響を受けていないか考えなさい．それをもとにして，図 7 の r^2 が大きい領域のデータを採用する理由を考えなさい.

6 より良いレポート作成のために

ここでは，より良いレポートを作成するために，データ解析の方法とさらなる考察のヒントについて書かれている.

6.1 考察のヒント（つづき）

（3） 荷電粒子は電場または磁場から力を受けて加速する．その加速度が比電荷に比例することを，運動方程式を使って説明しなさい．電場 E のときは，式 (2) の力学的エネルギー保存則から得られる $ma = eE$ を，磁場 B のときは式 (3) の運動方程式 $ma = evB$ をそれぞれ使いなさい．E または B の大きさが同じとき，電子と陽子の加速度の大きさの比を求めなさい.

（4） 電子銃（図 3）から出る電子の速さをエネルギー保存の式 (2) を使って計算しなさい．また，その速さを光速と比較しなさい．ただし，加速電圧は $V = 200$ V としなさい.

（5） 自分を正の電荷を持つ粒子であるとする．前方の空間には鉛直上向きの磁場があるとする．その中を走りぬけようとすると自分はどんな力を感じるだろうか．その力は自分の走るコースにどう影響するだろうか.

（6） この実験から学んだことを考えて書きなさい.

「付表」

1.　国際単位系（Systeme International d'unitees）

　国際単位系（略称 SI）は，一貫性のある単位系の確立と普及を目的として，1960 年の国際度量衡総会で採択・決議された単位系である．その後たびたびの改定を経て，今は科学・技術から法定計量にわたる広い分野に SI 単位が普及している．

　2017 年から 2019 年にかけて SI 確立以降で最大の改定が検討・決議・施行された．それまでの 130 年間 1 キログラムの定義かつ唯一の現示物であった国際キログラム原器に代えて，一群の物理定数の値で SI をより安定に維持（かつ発展）させる方針が示された．物理定数の値に基づく質量測定法の再現性が向上し，質量判定の不確かさがキログラム原器の不安定さ（5×10^{-8} kg 程度）より小さくなったことによる．

　現在の取り決めは 2019 年の SI 国際文書第 9 版によっている．そのあらましを以下に示す．まず，表 1.0 の 7 つの物理定数が「定義定数」とされ，それらの数値として，現在得られる最高精度または最適精度の数値が採用されている．

表 1.0　SI の 7 つの定義定数とそれらによって定義される 7 つの単位

定義定数	記号	数値	単位（同等単位）
セシウムの超微細遷移周波数	$\Delta\nu_{\mathrm{Cs}}$	9 192 631 770	Hz, (s^{-1})
真空中の光の速さ	c	299 792 458	$\mathrm{m\ s}^{-1}$
プランク定数 *	h	$6.626\ 070\ 15 \times 10^{-34}$	J s, ($\mathrm{kg\ m^2\ s^{-1}}$)
電気素量	e	$1.602\ 176\ 634 \times 10^{-19}$	C, (A s)
ボルツマン定数	k	$1.380\ 649 \times 10^{-23}$	$\mathrm{J\ K}^{-1}$
アボガドロ定数	N_{A}	$6.022\ 140\ 76 \times 10^{23}$	mol^{-1}
視感効果度	K_{cd}	683	$\mathrm{lm\ W}^{-1}$

*h の値はワットバランス法と X 線結晶密度法によって精密に測定され，高い精度で一致することが確認された．

　表 1.0 の定義定数はすべてが組立単位で表されている．7 つの定義定数の数値をもとに，SI の 7 つの量の基本単位は表 1.1 のように定義される．

表 1.1　基本単位

量	単位名	記号	定義
時間	秒	s	1 s とは，セシウム原子が放射する特定の電磁波が 9 192 631 770 回の振動を行う時間．
長さ	メートル	m	1 m とは，1 s の 1/299 792 458 の時間に光が真空中を進む行程の長さ．光の速さ c の定義値からくる．
質量	キログラム	kg	1 kg とは，プランク定数を $h = 6.626\ 070\ 15 \times 10^{-34}$ J s（kg m²/s）と定めることで定義される質量 **．
電流	アンペア	A	1 A とは，電気素量 $e = 1.602\ 176\ 634 \times 10^{-19}$ C の要素（電子，イオン，正孔など）が指定された面を 1 s に 1 C 通過する場合の電流．
温度	ケルビン	K	1 K とは，ボルツマン定数 $k = 1.380\ 649 \times 10^{-23}$ J/K で設定される熱力学温度．熱エネルギー kT を $1.380\ 649 \times 10^{-23}$ J だけ変化させる熱力学温度の変化．
物質量	モル	mol	1 mol とは，アボガドロ定数 $N_{\mathrm{A}} = 6.022\ 140\ 76 \times 10^{23}$ に等しい数の要素（原子，分子など）を含む系の物質量．
光度	カンデラ	cd	1 cd とは，周波数 540×10^{12} Hz の単色光を指定された方向に強度 (1/683) W/sr で放射する光源の光度．

** 改定後は，ワットバランス法でも X 線結晶密度法でも，精密な技術により，この定義に沿うキログラム単位の質量の標準が安定に実現される．

表 1.1 以外の量の単位はすべて基本単位の組み合わせで表される．力学に現れる組立単位の例を表 1.2 に示す．特に，表 1.3 の 22 個の量の単位には固有の単位名を使う．これらはまとまった概念に対応する．さらに，これらの固有名称と基本単位の組み合わせによって表現できる組立単位の例を表 1.4 に挙げる．

表 1.2　基本単位を使って表される SI 組立単位の例

量	SI 単位	
	名称	記号
面積	平方メートル	m^2
体積	立方メートル	m^3
速さ	メートル毎秒	m/s
加速度	メートル毎秒毎秒	m/s^2
運動量	キログラム・メートル毎秒	kg m/s
角運動量	キログラム・平方メートル毎秒	$kg\ m^2/s$
密度	キログラム毎立方メートル	kg/m^3
慣性モーメント	キログラム・平方メートル	$kg\ m^2$

表 1.3　固有の名称と記号を持つ SI 組立単位

量	SI 単位		
	名称	記号	他の表し方の例
平面角	ラジアン	rad	
立体角	ステラジアン	sr	
周波数，振動数	ヘルツ	Hz	s^{-1}
力	ニュートン	N	$kg\ m/s^2$
圧力，応力	パスカル	Pa	N/m^2
仕事，エネルギー，熱量	ジュール	J	N m
仕事率，放射束	ワット	W	J/s
電気量，電荷	クーロン	C	A s
電位差，電圧	ボルト	V	W/A
静電容量	ファラド	F	C/V
電気抵抗	オーム	Ω	V/A
コンダクタンス	ジーメンス	S	A/V
磁束	ウェーバ	Wb	V s
磁束密度	テスラ	T	Wb/m^2
インダクタンス	ヘンリー	H	Wb/A
セルシウス温度	セルシウス度	°C	K
光束	ルーメン	lm	cd sr
照度	ルクス	lx	lm/m^2
放射線源強度	ベクレル	Bq	s^{-1}
吸収線量	グレイ	Gy	J/kg
線量当量	シーベルト	Sv	J/kg
酵素活性	カタール	kat	mol/s

表 1.4　固有の名称を用いて表される SI 組立単位の例

量	SI 単位	
	名称	記号
力のモーメント	ニュートン・メートル	N m
角運動量	ジュール・秒	J s
粘性係数	パスカル・秒	Pa s
表面張力	ニュートン毎メートル	N/m
熱容量	ジュール毎ケルビン	J/K
エネルギー密度	ジュール毎立方メートル	J/m^3
誘電率	ファラド毎メートル	F/m
透磁率	ヘンリー毎メートル	H/m
電界の強さ	ボルト毎メートル	V/m
比熱	ジュール毎グラム毎ケルビン	J/(g K)

一般に，$\times 10^n$ と書く代わりに表 1.5 の接頭語を使う．たとえば，$1 \times 10^{-3}\,\mathrm{m} = 1\,\mathrm{mm}$ と書く．

表 1.5　10^n を表す接頭語

名称	記号	倍数	名称	記号	倍数
エクサ	E	10^{18}	デシ	d	10^{-1}
ペタ	P	10^{15}	センチ	c	10^{-2}
テラ	T	10^{12}	ミリ	m	10^{-3}
ギガ	G	10^9	マイクロ	μ	10^{-6}
メガ	M	10^6	ナノ	n	10^{-9}
キロ	k	10^3	ピコ	p	10^{-12}
ヘクト	h	10^2	フェムト	f	10^{-15}
デカ	da	10^1	アト	a	10^{-18}

時間の単位の分・時・日や平面角の度・分・秒，質量のトン，体積のリットルなどは SI 単位ではないが，日常的な面に深く根づいており，国際単位系とともに用いられる．表 1.6 の単位も SI 単位ではないが，実験的に決められた換算係数によって，国際単位系とともに用いられる．

表 1.6　国際単位系とともに用いられる非 SI 単位で SI 単位による値が実験的に得られるもの

名称	記号	定義
カロリー	cal	$1\,\mathrm{cal} = 4.184\,\mathrm{J}$
電子ボルト	eV	$1\,\mathrm{eV} = 1.602\,176\,634 \times 10^{-19}\,\mathrm{J}$
原子質量単位	u	$1\,\mathrm{u} = 1.660\,539\,066\,60(50) \times 10^{-27}\,\mathrm{kg}$
天文単位	au	$1\,\mathrm{au} = 1.495\,978\,707\,00 \times 10^{11}\,\mathrm{m}$

単位の定義とその実現技術の詳細および国際単位系 (SI) 第 9 版 (2019) は産業技術総合研究所計量標準総合センターによる次の URL で参照できる．

https://unit.aist.go.jp/nmij/public/report/SI_9th/

2. 物理定数表

現在使われている基礎物理定数（2018 CODATA 調整値 *）を表 2.1 に示す．値の右端の（ ）内の数値は末位 2 桁の標準不確かさ（標準偏差で表した不確かさ）である．たとえば，万有引力定数では $G = (6.674\,30 \pm 0.000\,15) \times 10^{-11}$ N m^2/kg^2 である．

表 2.1 物理定数表

*https://physics.nist.gov/cuu/Constants/

名称　*は定義値	記号	値	単位
標準重力加速度*	g_n	9.806 65	m/s^2
万有引力定数	G	$6.674\,30(15) \times 10^{-11}$	N m^2/kg^2
真空中の光の速さ*	c	299 792 458	m/s
磁気定数 $2\alpha h/(ce^2)$ （$\cong 4\pi \times 10^{-7}$）	μ_0	$12.566\,370\,6212(19) \times 10^{-7}$	H/m
電気定数 $1/(\mu_0 c^2)$	ε_0	$8.854\,187\,8128(13) \times 10^{-12}$	F/m
電気素量*	e	$1.602\,176\,634 \times 10^{-19}$	C
プランク定数*	h	$6.626\,070\,15 \times 10^{-34}$	J s
プランク定数* $h/(2\pi)$	$\hbar$	$1.054\,571\,817\cdots \times 10^{-34}$	kg m^2/s
電子の質量	m_e	$9.109\,383\,7015(28) \times 10^{-31}$	kg
陽子の質量	m_p	$1.672\,621\,923\,69(51) \times 10^{-27}$	kg
中性子の質量	m_n	$1.674\,927\,498\,04(95) \times 10^{-27}$	kg
微細構造定数 $e^2/(4\pi\varepsilon_0 c\hbar) = \mu_0 ce^2/(2h)$	α	$7.297\,352\,5693(11) \times 10^{-3}$	
リュードベリ定数 $c\alpha^2 m_\mathrm{e}/(2h)$	R_∞	10 973 731.568 160(21)	m^{-1}
ボーア半径 $\varepsilon_0 h^2/(\pi m_\mathrm{e} e^2)$	a_0	$5.291\,772\,109\,03(80) \times 10^{-11}$	m
ボーア磁子 $eh/(4\pi m_\mathrm{e})$	μ_B	$927.401\,007\,83(28) \times 10^{-26}$	J/T
電子の磁気モーメント	μ_e	$-928.476\,470\,43(28) \times 10^{-26}$	J/T
電子の比電荷	$-e/m_\mathrm{e}$	$-1.758\,820\,010\,76(53) \times 10^{11}$	C/kg
原子質量単位	m_u	$1.660\,539\,066\,60(50) \times 10^{-27}$	kg
アボガドロ定数*	N_A	$6.022\,140\,76 \times 10^{23}$	mol^{-1}
ボルツマン定数*	k	$1.380\,649 \times 10^{-23}$	J/K
気体定数* $N_\mathrm{A}k$	R	$8.314\,462\,618\cdots$	J/(mol K)
ファラデー定数* $N_\mathrm{A}e$	F	$96\,485.332\,12\cdots$	C/mol
シュテファン・ボルツマン定数* $2\pi^5 k^4/(15h^3 c^2)$	σ	$5.670\,374\,419\cdots \times 10^{-8}$	W/(m^2 K^4)
ジョセフソン定数* $2e/h$	K_J	$483\,597.8484\cdots \times 10^9$	Hz/V
フォン・クリッツィング定数* h/e^2	R_K	$25\,812.807\,45\cdots$	Ω
0 °C の絶対温度*	T_0	273.15	K
標準大気圧*	P_0	101 325	Pa
理想気体の 1 モルの体積* RT_0/P_0	V_m	$22.413\,969\,54\cdots \times 10^{-3}$	m^3/mol

3. 元素および原子量（2022）

4桁の原子量表（2022）

（元素の原子量は，質量数 12 の炭素（^{12}C）を 12 とし，これに対する相対値とする。）

　本表は，実用上の便宜を考えて，国際純正・応用化学連合（IUPAC）で承認された最新の原子量に基づき，日本化学会原子量専門委員会が独自に作成したものである。本来，同位体存在度の不確定さは，自然に，あるいは人為的に起こりうる変動や実験誤差のために，元素ごとに異なる。従って，個々の原子量の値は，正確度が保証された有効数字の桁数が大きく異なる。本表の原子量を引用する際には，このことに注意を喚起することが望ましい。

　なお，本表の原子量の信頼性はリチウム，亜鉛の場合を除き有効数字の 4 桁目で±1 以内である（両元素については脚注参照）。また，安定同位体がなく，天然で特定の同位体組成を示さない元素については，その元素の放射性同位体の質量数の一例を（　）内に示した。従って，その値を原子量として扱うことは出来ない。

原子番号	元　素　名	元素記号	原子量	原子番号	元　素　名	元素記号	原子量
1	水　　　　素	H	1.008	44	ル テ ニ ウ ム	Ru	101.1
2	ヘ リ ウ ム	He	4.003	45	ロ ジ ウ ム	Rh	102.9
3	リ チ ウ ム	Li	6.94†	46	パ ラ ジ ウ ム	Pd	106.4
4	ベ リ リ ウ ム	Be	9.012	47	銀	Ag	107.9
5	ホ ウ 素	B	10.81	48	カ ド ミ ウ ム	Cd	112.4
6	炭　　　　素	C	12.01	49	イ ン ジ ウ ム	In	114.8
7	窒　　　　素	N	14.01	50	ス ズ	Sn	118.7
8	酸　　　　素	O	16.00	51	ア ン チ モ ン	Sb	121.8
9	フ ッ 素	F	19.00	52	テ ル ル	Te	127.6
10	ネ オ ン	Ne	20.18	53	ヨ ウ 素	I	126.9
11	ナ ト リ ウ ム	Na	22.99	54	キ セ ノ ン	Xe	131.3
12	マ グ ネ シ ウ ム	Mg	24.31	55	セ シ ウ ム	Cs	132.9
13	ア ル ミ ニ ウ ム	Al	26.98	56	バ リ ウ ム	Ba	137.3
14	ケ イ 素	Si	28.09	57	ラ ン タ ン	La	138.9
15	リ ン	P	30.97	58	セ リ ウ ム	Ce	140.1
16	硫　　　　黄	S	32.07	59	プ ラ セ オ ジ ム	Pr	140.9
17	塩　　　　素	Cl	35.45	60	ネ オ ジ ム	Nd	144.2
18	ア ル ゴ ン	Ar	39.95	61	プ ロ メ チ ウ ム	Pm	(145)
19	カ リ ウ ム	K	39.10	62	サ マ リ ウ ム	Sm	150.4
20	カ ル シ ウ ム	Ca	40.08	63	ユ ウ ロ ピ ウ ム	Eu	152.0
21	ス カ ン ジ ウ ム	Sc	44.96	64	ガ ド リ ニ ウ ム	Gd	157.3
22	チ タ ン	Ti	47.87	65	テ ル ビ ウ ム	Tb	158.9
23	バ ナ ジ ウ ム	V	50.94	66	ジ ス プ ロ シ ウ ム	Dy	162.5
24	ク ロ ム	Cr	52.00	67	ホ ル ミ ウ ム	Ho	164.9
25	マ ン ガ ン	Mn	54.94	68	エ ル ビ ウ ム	Er	167.3
26	鉄	Fe	55.85	69	ツ リ ウ ム	Tm	168.9
27	コ バ ル ト	Co	58.93	70	イ ッ テ ル ビ ウ ム	Yb	173.0
28	ニ ッ ケ ル	Ni	58.69	71	ル テ チ ウ ム	Lu	175.0
29	銅	Cu	63.55	72	ハ フ ニ ウ ム	Hf	178.5
30	亜 鉛	Zn	65.38*	73	タ ン タ ル	Ta	180.9
31	ガ リ ウ ム	Ga	69.72	74	タ ン グ ス テ ン	W	183.8
32	ゲ ル マ ニ ウ ム	Ge	72.63	75	レ ニ ウ ム	Re	186.2
33	ヒ 素	As	74.92	76	オ ス ミ ウ ム	Os	190.2
34	セ レ ン	Se	78.97	77	イ リ ジ ウ ム	Ir	192.2
35	臭　　　　素	Br	79.90	78	白 金	Pt	195.1
36	ク リ プ ト ン	Kr	83.80	79	金	Au	197.0
37	ル ビ ジ ウ ム	Rb	85.47	80	水 銀	Hg	200.6
38	ス ト ロ ン チ ウ ム	Sr	87.62	81	タ リ ウ ム	Tl	204.4
39	イ ッ ト リ ウ ム	Y	88.91	82	鉛	Pb	207.2
40	ジ ル コ ニ ウ ム	Zr	91.22	83	ビ ス マ ス	Bi	209.0
41	ニ オ ブ	Nb	92.91	84	ポ ロ ニ ウ ム	Po	(210)
42	モ リ ブ デ ン	Mo	95.95	85	ア ス タ チ ン	At	(210)
43	テ ク ネ チ ウ ム	Tc	(99)	86	ラ ド ン	Rn	(222)

原子番号	元 素 名	元素記号	原子量	原子番号	元 素 名	元素記号	原子量
87	フランシウム	Fr	(223)	103	ローレンシウム	Lr	(262)
88	ラジウム	Ra	(226)	104	ラザホージウム	Rf	(267)
89	アクチニウム	Ac	(227)	105	ドブニウム	Db	(268)
90	トリウム	Th	232.0	106	シーボーギウム	Sg	(271)
91	プロトアクチニウム	Pa	231.0	107	ボーリウム	Bh	(272)
92	ウラン	U	238.0	108	ハッシウム	Hs	(277)
93	ネプツニウム	Np	(237)	109	マイトネリウム	Mt	(276)
94	プルトニウム	Pu	(239)	110	ダームスタチウム	Ds	(281)
95	アメリシウム	Am	(243)	111	レントゲニウム	Rg	(280)
96	キュリウム	Cm	(247)	112	コペルニシウム	Cn	(285)
97	バークリウム	Bk	(247)	113	ニホニウム	Nh	(278)
98	カリホルニウム	Cf	(252)	114	フレロビウム	Fl	(289)
99	アインスタイニウム	Es	(252)	115	モスコビウム	Mc	(289)
100	フェルミウム	Fm	(257)	116	リバモリウム	Lv	(293)
101	メンデレビウム	Md	(258)	117	テネシン	Ts	(293)
102	ノーベリウム	No	(259)	118	オガネソン	Og	(294)

†：人為的に ^{6}Li が抽出され，リチウム同位体比が大きく変動した物質が存在するために，リチウムの原子量は大きな変動幅をもつ。従って本表では例外的に 3 桁の値が与えられている。なお，天然の多くの物質中でのリチウムの原子量は 6.94 に近い。

*：亜鉛に関しては原子量の信頼性は有効数字 4 桁目で ±2 である。

4.　国内各地の重力加速度実測値

地　名	緯　度 φ	経　度 λ	高さ H/m	重力加速度 $g/(m/s^2)$
稚　内	45°25′.0	141°40′.3	96.15	9.8062273
青　森	40 49 .2	140 46 .3	2.44	9.8031106
東　京	35 38 .6	139 41 .3	28.	9.7976319
名古屋	35 9 .1	136 58 .3	46.21	9.7973254
京　都	35 1 .6	135 47 .2	59.78	9.7970775
大　阪	34 35 .3	135 30 .3	—	9.79722
広　島	34 22 .1	132 28 .1	0.98	9.7965866
高　知	33 33 .2	133 32 .2	0.92	9.7962572
鹿児島	31 33 .1	130 33 .0	5.	9.7947118
西表島	24 16 .7	123 53 .0	8.	9.7901308

5.　固体の密度および弾性に関する定数

　温度の表示のないものは室温における値，弾性に関する定数の値については，その物質の過去の取り扱い方によってかなり異なる．また，一様な等方性の物質については，これらの量の間に次の関係がある．

$$E = 2G(1+\sigma) = 3k(1-2\sigma)$$

物　質	密　度 $\rho\,/(g/cm^3)$	ヤング率 $E\,/Pa$ ×10^{10}	剛性率 $G\,/Pa$ ×10^{10}	ポアソン比 σ	体積弾性率 $k\,/Pa$ ×10^{10}
アルミニウム	2.69(20 °C)	7.03	2.61	0.345	7.55
ガラス（クラウン）	2.2〜3.6	7.13	2.92	0.22	4.12
ガラス（フリント）	2.8〜6.3	8.01	3.15	0.27	5.76
金	19.3	7.8	2.7	0.44	21.7
銀	10.50	8.27	3.03	0.367	10.36
ゴム（弾性ゴム）	0.91〜0.96	$(1.5〜5.0)\times10^{-4}$	$(5〜15)\times10^{-5}$	0.46〜0.49	—
黄銅	8.4	10.06	3.73	0.350	11.18
鉄（鋳）	7.1〜7.7	15.23	6.0	0.27	10.95
鉄（軟）	7.8〜7.9	21.14	8.16	0.293	16.98
鉄（鋼）	7.6〜7.8	20.1〜21.6	7.8〜8.4	0.28〜0.30	16.5〜17.0
銅	8.93	12.98	4.83	0.343	13.78
ニッケル	8.85	19.9〜22.0	7.6〜8.4	0.30〜0.31	17.7〜18.8
ステンレス鋼	7.93	19.6	7.57	0.30	—
ポリエチレン	0.90	0.04〜0.13	0.026	0.458	—
木材（かし）	0.7	1.3	—	—	—

6.　水の密度

1気圧のもとにおける水の密度は3.98°Cにおいて最大である（単位は [g/cm³]）.

温度/°C	0	1	2	3	4	5	6	7	8	9
	0.	0.	0.	0.	0.	0.	0.	0.	0.	0.
0	99984	99990	99994	99996	99997	99996	99994	99990	99985	99978
10	99970	99961	99949	99938	99924	99910	99894	99877	99860	99841
20	99820	99799	99777	99754	99730	99704	99678	99651	99623	99594
30	99565	99534	99503	99470	99437	99403	99368	99333	99297	99259
40	99222	99183	99144	99104	99063	99021	98979	98936	98893	98849
50	98804	98758	98712	98665	98618	98570	98521	98471	98422	98371
60	98320	98268	98216	98613	98110	98055	98001	97946	97890	97834
70	97777	97720	97662	97603	97544	97485	97425	97364	97303	97242
80	97180	97117	97054	96991	96927	96862	96797	96731	96665	96600
90	96532	96465	96397	96328	96259	96190	96120	96050	95979	95906

7.　水の蒸気圧 （単位は [Pa]）

温度/°C	0	1	2	3	4	5	6	7	8	9
0	610.66	656.52	705.40	757.47	812.91	871.91	934.67	1001.4	1072.3	1147.5
10	1227.4	1312.1	1402.0	1497.2	1598.0	1704.8	1817.8	1937.3	2063.6	2197.1
20	2338.1	2486.9	2644.0	2809.6	2984.3	3168.3	3362.2	3566.3	3781.2	4007.2
30	4244.9	4494.7	4757.2	5033.0	5322.4	5626.2	5945.0	6279.2	6629.5	6996.7
40	7381.2	7783.9	8205.4	8646.4	9107.6	9589.9	10094	10621	11171	11745
50	12345	12971	13623	14304	15013	15753	16523	17325	18160	19030
60	19934	20875	21853	22870	23927	25025	26165	27350	28579	29855
70	31179	32552	33976	35452	36981	38566	40208	41909	43669	45491
80	47377	49328	51346	53432	55589	57819	60123	62503	64962	67500
90	70121	72826	75618	78498	81469	84533	87692	90948	94304	97762
100	101325									

8.　水の粘性係数

温度/°C	粘性係数 $\mu/(\mathrm{Pa\,s})$	温度/°C	粘性係数 $\mu/(\mathrm{Pa\,s})$	温度/°C	粘性係数 $\mu/(\mathrm{Pa\,s})$	温度/°C	粘性係数 $\mu/(\mathrm{Pa\,s})$	温度/°C	粘性係数 $\mu/(\mathrm{Pa\,s})$
	$\times 10^{-3}$		$\times 10^{-3}$		$\times 10^{-3}$		$\times 10^{-3}$		$\times 10^{-3}$
		20	1.002	50	0.548	80	0.355	120	0.232
0	1.792	30	0.797	60	0.467	90	0.315	140	0.196
10	1.307	40	0.653	70	0.404	100	0.282	160	0.174

9.　種々の物質の比熱

物　質	比熱/J(g K) 0°C	比熱/J(g K) 100°C	物　質	比熱/J(g K) 0°C	比熱/J(g K) 100°C
元　素			**液　体**		
亜鉛	0.385	0.402	エタノール	2.29	—
			水	4.22	4.21
アルミニウム	0.880	0.937	**合　金**		
金	0.128	0.131	黄銅（真ちゅう）	0.387	0.390
			ステンレス（18Cr, 8Ni）	—	0.52
銀	0.235	0.239	**固　体**		
水銀	0.140	0.137	ガラス（パイレックス）	0.70	0.85
スズ	0.221	0.243	氷	2.10	—
タングステン	0.133	0.135	ゴム	0.1～2.0（20～100°C）	
炭素（ダイヤモンド）	0.42	0.77	コンクリート	約 0.84（室温）	
鉄（α）	0.435	0.48	ポリエチレン	約 1.8	—
銅	0.379	0.397	木材	約 1.25（20°C）	
鉛	0.129	—			
白金	0.132	0.135			

10.　固体の線膨張率　（293 K（20°C））

物　質	線膨張率 β /°C^{-1}	物　質	線膨張率 β /°C^{-1}
元　素	$\times 10^{-6}$	**合　金**	$\times 10^{-6}$
亜鉛	30.2	黄銅（真ちゅう）（67Cu, 33Zn）	17.5
アルミニウム	23.1	ステンレス鋼（18Cr, 8Ni）	14.7
金	14.2	**その他の固体**	
銀	18.9	ガラス（パイレックス）	2.8
炭素（ダイヤモンド）	1.0	氷	52.7（0°C）
鉄	11.8	ゴム（弾性）	77
銅	16.5	コンクリート, セメント	7～14
鉛	28.9	ポリエチレン	100～200
白金	8.8	木材（繊維に//）	3～6
		（繊維に⊥）	35～60

11.　種々の物質の屈折率　（波長 589.3 nm）

物質	屈折率
石英ガラス（18°C）	1.4585
ほたる石（18°C）	1.4339
岩塩（18°C）	1.5443
ダイヤモンド（20°C）	2.4195
ポリスチレン（15°C）	1.592
水（20°C）	1.3330
海水	1.34
エチルアルコール（20°C）	1.3618
メチルアルコール（20°C）	1.3290

12.　金属の電気抵抗率

金属	抵抗率 ρ /(Ω m)	
	0°C	100°C
	$\times 10^{-8}$	
亜鉛	5.5	7.8
アルミニウム	2.50	3.55
金	2.05	2.88
銀	1.47	2.08
黄銅（真ちゅう）	6.3	—
鉄（純）	8.9	14.7
銅	1.55	2.23
鉛	19.2	27
ニクロム	107.3	108.3
白金	9.81	13.6
マンガニン	41.5	—

13.　主な磁性体材料の特性

物質	組成 /%	保磁力 Hc /T	残留磁化 M_r /T	初磁化率	最大磁化率	履歴損失 W /(J/m³)
		$\times 10^{-4}$		$\times 10^3$	$\times 10^3$	
純鉄	不純物 < 0.5	0.6～1.1		0.2～0.3	6～8	
タングステン鋼	0.7C, 0.3Cr, 6W, 0.3Mn	68	1.05			
炭素鋼	0.9～1C, 1Mn	55	0.90			
パーマロイ	78.5Ni	0.05		8	10	58
アルニコ	8Al, 14Ni, 23Co, 3Cu	575	1.20			
フェライト	Fe_2O_3, ZnO, NiO	3.0	0.27～0.30	0.1		

14.　ギリシャ文字

文字		名称		文字		名称	
A	α	alpha	アルフア	N	ν	nu	ニュー
B	β	beta	ベータ（ビータ）	Ξ	ξ	xi	グザイ（クシイ）
Γ	γ	gamma	ガンマ	O	o	omicron	オミクロン
Δ	δ	delta	デルタ	Π	π	pi	パイ
E	ε, ϵ	epsilon	エプシロン（イプシロン）	P	ρ	rho	ロー
Z	ζ	zeta	ツェータ	Σ	σ	sigma	シグマ
H	η	eta	エータ（イータ）	T	τ	tau	タウ
Θ	ϑ, θ	theta	テータ（シータ）	Υ	υ	upsilon	ウプシロン（ユプシロン）
I	ι	iota	イオタ	Φ	φ, ϕ	phi	ファイ（フィー）
K	κ	kappa	カッパ	X	χ	chi	カイ
Λ	λ	lambda	ラムダ	Ψ	ϕ, ψ	psi	プサイ（プシー）
M	μ	mu	ミュー	Ω	ω	omega	オメガ

著者紹介

井 上　　光
　　元広島工業大学教授・理学博士

尾 﨑　　徹
　　広島工業大学名誉教授・理学博士

山 本　愛 士
　　広島工業大学教授・博士(理学)

木 舩　弘 一
　　広島工業大学教授・理学博士

安 塚　周 磨
　　広島工業大学教授・博士(工学)

松 岡　雷 士
　　広島工業大学准教授・博士(工学)

工科系のための
物 理 学 実 験 ―第5版―

ISBN 978-4-8082-2086-0

2003 年 4 月 1 日　初版発行	著者代表 ⓒ 山 本 愛 士
2006 年 10 月 1 日　2 版発行	発 行 者　鳥 飼 正 樹
2011 年 4 月 1 日　3 版発行	印　　刷
2016 年 4 月 1 日　4 版発行	三美印刷 株式会社
2022 年 4 月 1 日　5 版発行	製　　本
2023 年 4 月 1 日　2 刷発行	

発行所　株式会社 東京教学社

郵 便 番 号　112-0002
住　　　所　東京都文京区小石川 3-10-5
電　　　話　03 (3868) 2405
F　A　X　03 (3868) 0673
http://www.tokyokyogakusha.com

元 素 の 周 期 表 (2022)

族 周期	1	2	3	4	5	6	7	8	9
1	1 H 水　素 1.008								
2	3 Li リチウム 6.94	4 Be ベリリウム 9.012							
3	11 Na ナトリウム 22.99	12 Mg マグネシウム 24.31							
4	19 K カリウム 39.10	20 Ca カルシウム 40.08	21 Sc スカンジウム 44.96	22 Ti チタン 47.87	23 V バナジウム 50.94	24 Cr クロム 52.00	25 Mn マンガン 54.94	26 Fe 鉄 55.85	27 Co コバル 58.93
5	37 Rb ルビジウム 85.47	38 Sr ストロンチウム 87.62	39 Y イットリウム 88.91	40 Zr ジルコニウム 91.22	41 Nb ニオブ 92.91	42 Mo モリブデン 95.95	43 Tc* テクネチウム (99)	44 Ru ルテニウム 101.1	45 Rh ロジウム 102.9
6	55 Cs セシウム 132.9	56 Ba バリウム 137.3	57 La ランタン ⬇ 71 Lu ルテチウム	72 Hf ハフニウム 178.5	73 Ta タンタル 180.9	74 W タングステン 183.8	75 Re レニウム 186.2	76 Os オスミウム 190.2	77 Ir イリジウム 192.2
7	87 Fr* フランシウム (223)	88 Ra* ラジウム (226)	89 Ac アクチニウム ⬇ 103 Lr ローレンシウム	104 Rf* ラザホージウム (267)	105 Db* ドブニウム (268)	106 Sg* シーボーギウム (271)	107 Bh* ボーリウム (272)	108 Hs* ハッシウム (277)	109 Mt マイトネリウ (276)

原子番号 —— 1 H —— 元素記号
水　素 —— 元素名
1.008 —— 4桁の原子量

ランタノイド

57 La ランタン 138.9	58 Ce セリウム 140.1	59 Pr プラセオジム 140.9	60 Nd ネオジム 144.2	61 Pm* プロメチウム (145)	62 Sm サマリウム 150.4	63 Eu ユウロピウ 152.0

アクチノイド

89 Ac* アクチニウム (227)	90 Th* トリウム 232.0	91 Pa* プロトアクチニウム 231.0	92 U* ウラン 238.0	93 Np* ネプツニウム (237)	94 Pu* プルトニウム (239)	95 Am アメリシウ (243)